맛있어서 지속 가능한

디디미니
다이어트
레시피

맛있어서 지속 가능한
디디미니 다이어트 레시피

초판 1쇄 발행 2022년 5월 23일
초판 16쇄 발행 2023년 10월 13일

지은이 미니 박지우
펴낸이 이경희

펴낸곳 빅피시
출판등록 2021년 4월 6일 제2021-000115호
주소 서울시 마포구 월드컵북로 402, KGIT 16층 1601-1호

맛있어서 지속 가능한

디디미니
다이어트
레시피

미니 박지우 지음

빅피시
BIG FISH

맛있게 먹고 건강하게 감량하는
지속 가능한 다이어트

22kg을 감량하고 건강하게 유지한 지도 어느덧 8년 차가 되었어요. 무리한
다이어트를 했던 지난날을 돌이켜보면 지금의 변화는 제게 기적과도 같은
일이에요. 통통 유전자를 가지고 태어난 저는 학창 시절부터 안 해본 다이어트가
없었고, 무리한 다이어트 후 거듭되는 요요 때문에 오히려 몸이 불어나기
시작했거든요. 결국에는 건강마저 잃고 난 후에야 내가 했던 다이어트가 올바른
방법이 아니었다는 것을 깨닫게 되었죠.

다이어트에 성공하고도 날씬하게 유지할 수 없었던 건 당연한 수순이었어요.
극단적인 다이어트로 내 몸을 혹사했기 때문이에요. 먹는 걸 좋아해서, 많이
먹어서 살찐 사람이 갑자기 다이어트를 한다고 입에 안 맞는 음식을 딱 죽지 않을
정도로 먹으며 버텼으니까요. 잠시 숨어 있던 식욕은 다시 폭발했고, 폭식과
절식을 반복하니 기어이 식이장애가 생길 수밖에요. 다이어트 실패와 함께
몸의 위험신호를 여러 차례 겪고 나서야 비로소 건강한 다이어트를 결심할 수
있었습니다.
제가 생각하는 건강한 다이어트란 제게 맞는 다이어트 식단을 찾는 것이었어요.
먹는 걸 좋아하니까 건강하게 먹으면서 살 빼는 것이 가장 현실적인 방법이라
판단했죠. 다이어트식을 입맛에 맞게 만들어 먹을수록 놀랍게도 살이 빠지기

Before　　　　　　After

시작했어요. 맛있으니까 스트레스받는 일도 거의 없었고, 살이 빠지니까
더 열심히 다이어트할 수 있었어요. 즐거운 마음으로 나를 위해 요리하는
시간이 늘어갈수록 저는 점점 더 행복해졌고, 마침내 22kg 감량에
성공하고 나서는 오히려 더 건강해졌어요.

이렇게 제가 몸소 실천하고 성공해서 8년째 전파하고 있는 다이어트는
'맛있어서 지속 가능한 건강한 다이어트'예요. 이제는 건강한 다이어트를
추구하며 '지속 가능'에 중점을 두는 분들이 많아졌지만,
여전히 다이어트란 '적게 먹고 극도로 절제하고 힘들게 운동하는 것'으로
생각하는 분들이 있어요. 물론 그렇게 감량하면 반드시 살이 빠져요. 단기에
빠른 효과를 보는 것도 사실이고요. 하지만 평생을
그렇게 살지 않는다면, 대번에 요요가 찾아오는 것 또한 틀림없습니다.
반대로 평생을 절식할 자신이 있다고 해서 이 다이어트 방법이
괜찮은 것일까요? 계속되는 영양 불균형으로 인해 건강을 잃는 건

시간문제일 뿐이에요.

그래서 저는 오늘도 다이어트 레시피를 개발합니다. 오랜 시간 유지어터로

살고 있는 저를 위해, 그리고 디디미니 레시피로 건강한 다이어트를

실천하는 분들을 위해서요.

늘 새로운 맛에 대한 호기심으로 숨 쉬듯 요리하고 레시피를 만들다

보니 5년 연속으로 다이어트 레시피북을 출간하게 되었습니다.

지속 가능한 다이어트처럼 출간을 지속 가능하게 해준 것은 매해

'#디디미니레시피도장깨기'를 함께한 수많은 '#디디미니언쥬' 친구들과

독자분들 덕분이에요. 디디미니 레시피로 감량에 성공했다는 후기,

요리하는 즐거움을 알게 되었다는 사연, 나를 아끼며 행복을 되찾았다는

이야기를 통해 저 또한 큰 보람을 느껴요.

DDMINI Recipes!

늘 감사한 마음이 컸기에 이번 책에는 무려 120가지의 새로운 레시피로
보답하려고 해요. 고단백 저탄수화물 베이스의 맛있고 건강한 메뉴로
여러분의 다이어트를 응원합니다. 다이어트식이지만 일반식처럼 다양한
맛을 담았고, 영양 또한 깐깐하게 챙겼다는 건 이미 알고 계시죠? 다이어트
때마다 시도 때도 없이 터지는 식욕을 디디미니 레시피가 스트레스 없이
채워줄 거예요.

요리 초심자를 위한 스피드 10분 요리, 닭가슴살이나 두부, 채소만 있으면
만들 수 있는 냉장고 털기 요리, 바쁜 직장인을 위한 밀프렙 팁, 속세 음식을
대신하는 시판 메뉴 변형 요리, 배달 음식을 살찌지 않게 먹는 방법까지,
다이어트 요리 전문가의 팁을 아낌없이 알려드려요.

여러분은 과거의 저처럼 몸을 망치는 다이어트를 하며 먼 길로 돌아가지
않았으면 해요. 당장 눈앞의 날씬한 몸을 위해 내 몸과 마음을 해치는
다이어트 대신, 진정 나를 위한 지속 가능한 건강한 다이어트를 택하길
바라요. 내 몸을 사랑하며 감량하면 다이어트에 성공한 후에도 요요 없이
만족스러운 몸을 유지할 수 있어요. 디디미니 레시피가 맛있어서 지속
가능한 메뉴로 여러분 곁에서 평생 친구가 되어 줄게요.

2022년 디디미니 박지우

Contents

part 1
닭가슴살, 두부, 야채로 만드는 초간단 요리

part 2
누구나 쉽고 빠르게 완성하는
스피드 10분 요리

part 3
반찬이 필요 없는 한 그릇
비빔밥 & 볶음밥

part 4 붓기와 급찐살을 내려주는 급찐급빠 레시피

part 5
파는 것보다 맛있는
시판 메뉴 벤치마킹

part 6
칭찬밖에 없는
SNS 인기 메뉴

미미미니의
밥숟가락 계량

이 책의 모든 재료는 밥숟가락으로 계량해 '큰술'로 표기하고 종이컵으로 계량해 '컵'으로 표기해요.
계량스푼과 계량컵을 사용할 땐 1큰술에 15g, 1컵에 200ml로 계량해 요리해요.

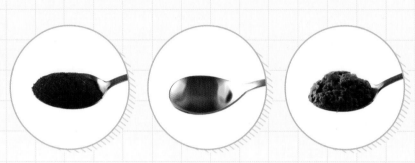

1큰술(15g/15ml)

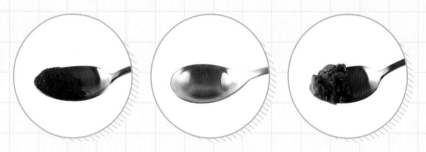

1/2큰술(7~8g/7~8ml)

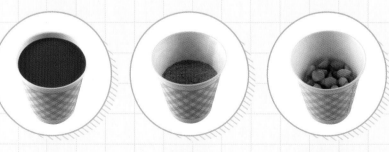

1컵(액체/200ml)　　　1/2컵(가루)　　　1/2컵(견과류)

디디미니 레시피를
실용적이고 알차게 보는 법

디디미니 레시피는 각 레시피마다 적합한 끼니를 제공하고 간단 조리법, 분량, 밀프렙 팁 등 깨알 같은
맞춤 정보가 가득해요. 어느 자리에 어떤 정보가 있는지 알아두면 요리할 때 편리해요.

① 아침/점심/저녁/밀프렙/간식 중 해당 메뉴를 먹어도 되는 끼니

② 원팬/비가열/전자레인지/에어프라이어 중에 해당하는 조리법

③ SNS 해시태그 메뉴명

④ 1회 이상의 분량 표기

⑤ 알아두면 좋은 레시피 팁

⑥ 해당 메뉴를 밀프렙으로 조리할 경우의 팁

➕ 가나다라순/요리별/끼니별/조리법별/재료별로 편리하게 구성된 인덱스(286~296쪽)

지속가능한 다이어트를 위한 추천 재료

디디미니 레시피에 자주 등장하는 건강한 식재료를 소개해요. 식품을 고르는 법과 효능,
장소에 따른 보관 요령도 알려드리니 모든 재료를 신선하게 사용해서 다이어트식 마스터가 되어보세요.

◦ 두둑이 쟁이고 먹는 냉동실 재료 ◦

닭가슴살

지방이 적은 고단백질 식품으로 100g
당 약 25g의 단백질을 가진 닭가슴살
은 저렴하게 대량 구입해서 저장하길
추천해요. 완조리닭가슴살은 냉장실
에서 해동하거나 실온 및 전자레인지
로 해동하고, 냉동 생닭가슴살은 하
루 전 냉장실에 두거나 따뜻한 물에
담가 해동해 사용해요. 닭가슴살 대
신 닭안심을 활용해도 좋아요.

냉동새우

100g당 약 20g의 단백질을 포함하는
냉동새우는 손질이 필요 없고 오랫동
안 보관하기 좋아요. 새우가 요리의
메인 단백질일 때는 큼직한 것을 사
용해 식감을 살리고, 볶음밥에 넣거
나 부재료로 곁들이는 용도일 때는
작은 크기의 칵테일새우를 쓰면 좋
아요. 냉동새우는 브랜드마다 크기가
다른 편이니 재료에 적힌 개수보다는
무게에 맞춰 사용해요.

낫토

한 팩당 약 7g의 단백질과 5g의 식이
섬유, 유익균을 가지고 있어요. 냉장
보관 후 유통기한이 지나면 과발효
되어 쓴맛이 강해지니 생낫토, 냉동
낫토 모두 냉동 보관해요. 먹기 1~2
일 전에 냉장실에서 해동하거나 유
익균이 파괴되지 않게 전자레인지로
10~15초간 재빨리 가열하고, 열을 가
하지 않는 음식이나 토핑에 활용해
요. 달걀, 게맛살, 두부 등을 함께 먹
어 단백질을 보충하세요.

통밀식빵

복합 탄수화물인 통밀과 현미 등 각
종 식이섬유와 영양소가 풍부한 재료
로 만들어 같은 양을 먹어도 백색 밀
가루로 만든 식빵보다 포만감이 높아
요. 100% 통밀, 호밀, 유기농밀 식빵
은 주로 온라인몰에서 구매하여 냉동
보관하면 곰팡이 걱정 없이 오래 두
고 먹을 수 있어요. 빵끼리 붙지 않도
록 사이사이에 종이포일 등을 끼우거
나 소분해서 밀봉 후 냉동해요.

유기농 냉동채소

다이어트 중에는 채소 섭취가 필수지
만, 매번 신선한 채소를 갖추거나 소
진하기 어렵고 손질하기 귀찮기도 해
요. 그럴 때 냉동채소믹스를 사용하면
전자레인지로 만드는 간단한 메뉴나
볶음 요리 등 다양한 음식을 재빨리
만들 수 있어요. 옥수수, 콩이 들어 있
다면 유기농 제품을 선택해 유전자 변
형 식품을 피해요.

다진 마늘

일반식보다 염분을 줄여야 하는 다이
어트식에는 감칠맛을 주는 다진 마늘
이 필수 양념이에요. 마늘을 그때그
때 다져서 사용하면 알리신의 흡수를
높이고 풍부한 향을 내기에 더 좋지
만, 매번 다지는 것이 번거로우니 시
판 다진 마늘을 사용해 재료 준비 과
정과 조리 시간을 단축해요. 다진 마
늘은 국내산 제품이 좋고, 소분하여
냉동하거나 큐브 형태로 냉동한 시판
제품도 추천해요.

◦ **싱싱하게 먹는 냉장실 재료** ◦

면두부

100g당 단백질 15g에 순탄수화물(탄수화물-식이섬유)
이 겨우 1g밖에 되지 않는 식물성 고단백 식품으로 냉장
보관했다가 가볍게 물에 헹구면 면 요리, 볶음 요리, 국물
요리, 샌드위치나 김밥의 속 재료로 간편하게 사용할 수
있어요. 또 에어프라이어에 구워 바삭한 과자도 만들 수
있죠. 고기 대신 면두부로 식물성 단백질을 골고루 섭취
하세요.

달걀

1개당 약 6g의 단백질을 갖춘 달걀은 노른자에도 몸에 이
로운 콜레스테롤을 함유한 완전식품이에요. 재료가 없을
때는 단일 재료로 활용하기 좋고 포만감이 높아 다이어
터의 필수 재료예요.

라이트누들

곤약면에 콩가루를 첨가해 만든 제품으로 곤약면 특유의 향이 나지 않아요. 또한 데치거나 헹굴 필요 없이 물기만 빼고 바로 먹을 수 있어 편리해요. 면 요리가 생각날 때 탄수화물 부담 없이 가볍게 먹어요.

해초면(미역국수, 다시마국수)

미역, 다시마 등의 해조류로 만든 저칼로리 국수는 차갑거나 새콤달콤한 비빔요리에 잘 어울려 무더운 계절에 애용해요. 따뜻한 요리에는 잘 어울리지 않고, 해조류 특유의 비린내가 살짝 날 수 있으니 민감한 분들은 주의하세요.

김밥김

식이섬유와 미네랄이 풍부하고 고소한 맛까지 좋은 저칼로리 식품이라 김밥이나 비빔밥 등 다이어트 메뉴에 즐겨 활용해요. 유기농 김은 일반 김보다 좀 더 고소하고 도톰해서 좋아요. 개봉 전엔 실온 보관하고 개봉 후엔 쉽게 눅눅해질 수 있으니 잘 밀봉해 냉장 보관해요.

양배추

가격이 저렴하고 포만감이 뛰어나며 영양이 풍부해요. 양배추를 4등분해서 심지 부분에 물에 적신 키친타월을 올리고 밀봉해 냉장 보관하면 더욱 오랫동안 보관할 수 있어요.

맛내기 채소(양파, 마늘, 청양고추)

음식의 염분을 줄이는 대신, 매운맛, 감칠맛 등을 내는 양파, 마늘, 청양고추 등의 채소를 넣으면 음식 맛이 확 살아나요. 양파는 껍질과 뿌리를 제거해 씻지 않은 채로, 자른 단면의 물기만 닦아 밀봉해 냉장하면 무르지 않게 오래 보관할 수 있어요. 마늘은 설탕을 넉넉히 담은 밀폐용기에 키친타월을 깔고 얹어두면 습기가 덜 생겨요.

◦ 건조한 그늘에서 보관하는 실온 재료 ◦

참치통조림

100g당 약 19g의 단백질을 함유한 식품으로 실온에 보관해요. 일반 다이어트 메뉴에는 기름을 빼고 사용하고, 집중 감량기에는 체에 밭쳐 뜨거운 물을 부어 기름을 완벽히 제거하고 사용하면 좋아요.

오트밀

귀리를 건조·압착해 만들어 당 지수가 낮은 건강한 복합 탄수화물로 단백질, 식이섬유뿐만 아니라 칼륨도 풍부해 나트륨 배출을 도와줘요. 저는 입자가 가장 작아 재빨리 조리할 수 있는 퀵오트밀, 입자가 가장 커서 쫄깃쫄깃 씹는 재미를 주는 점보오트밀을 즐겨 사용해요. 오트밀에 물을 조금 넣고 전자레인지에 가열하여 밥으로 대용하고, 한국식 죽이나 서양식 포리지, 쫀득한 전, 빵과 쿠키 등에 활용해요.

뮤즐리

다양한 건조 통곡물과 견과류, 씨앗, 건과일 등으로 구성되어 요리에 활용 시 감미료를 넣지 않아도 자연스러운 단맛을 느낄 수 있어요. 우유나 요거트에 곁들여 식사를 대신할 수 있고, 빵이나 에너지바 등을 만들 때도 사용해요. 밀봉하여 실온 보관할 수 있지만, 작은 틈이라도 생기면 금세 벌레가 생기니 냉장 보관해요.

통밀과자

통호밀빵을 얇게 압축하고 건조한 스낵으로 식이섬유가 풍부하고 단백질까지 갖춘 건강한 탄수화물 식품이에요. 저는 주로 '핀크리스프 오리지널'을 사용해요. 눅눅해지지 않게 밀봉해 실온 보관하고, 오래 보관하려면 냉동 보관해요. 우유, 귀리우유 등에 살짝 불려 요리에 활용하면 통호밀빵 같은 식감을 낼 수 있어요.

프로틴파우더

주로 운동 후에 단백질 섭취용으로 먹지만, 다이어트 베이킹에 활용하면 단백질을 보충하는 역할을 해요. 또 프로틴파우더에 함유된 대체감미료가 달콤한 맛을 내주어 따로 당을 첨가할 필요가 없어요. 요거트나 소량의 우유와 섞으면 스프레드가 되고, 달걀이나 견과류 등과 섞어 구우면 빵을 만들 수 있어요. 잘 밀봉해 실온 보관해요.

현미라이스페이퍼

따끈한 요리에 넣으면 떡이나 중국 당면처럼 쫀득쫀득한 식감을 내주고, 재료를 넣고 돌돌 말아 에어프라이어에 구우면 튀김옷 역할을 해주는 고마운 재료예요. 하지만 탄수화물 식품이니 다이어트 중에는 한 끼에 3~5장 이내로 활용해요.

음식을 업그레이드해주는 양념 & 소스

토마토소스

한 숟가락만 사용해도 음식의 감칠맛이 확 살아나니, 조금 비싸더라도 토마토 함량이 높거나 첨가물이 적은 유아용, 유기농 제품을 선택해요. 개봉 전에는 실온 보관, 개봉 후에는 냉장 보관하고, 냉장 중에도 곰팡이가 생기니 실리콘얼음틀에 한 조각씩 얼려서 사용해요.

바질페스토

샌드위치에 펴 바르거나 파스타나 하얀 국물 요리에 한 숟가락 정도 넣으면 밍밍하거나 익숙한 음식에 고급스러운 감칠맛이 살아나요. 개봉 후 냉장 보관하고, 오래 보관하려면 실리콘얼음틀에 한 조각씩 얼려서 사용해요.

스리라차소스

동남아 특유의 매콤한 맛이 좋은 재료예요. 0칼로리 소스로 알려져 있지만, 보존료와 설탕이 소량 첨가되어 있고 식품 표시 기준에 따라 1회 제공량 5g에 5칼로리 미만이면 0칼로리로 표기할 수 있다고 하니, 1회에 1큰술 이내로 먹어요. 개봉 전엔 실온, 개봉 후에는 냉장 보관해요.

청양고춧가루

간이 심심한 요리에 조금만 뿌리면 매운 감칠맛이 살아나 자주 활용해요. 고추의 캡사이신 성분이 신진대사 작용을 활발하게 만들어 지방을 연소시키고 위액을 분비해 소화를 도와요. 조금 비싸더라도 국내산 제품을 구입하고, 온도와 습도에 민감하니 밀봉해 냉동 보관해요.

들깻가루

비타민, 칼슘, 철분이 풍부하며 향긋하고 고소한 맛이 좋아요. 또 크림리소토나 국물 요리에 넣으면 걸쭉한 질감을 만들어 포만감을 높여줘요. 영양소의 파괴를 막기 위해 불을 쓰는 요리에는 가장 마지막에 섞고, 밀봉해 냉동 보관해요.

알룰로스

건포도, 무화과 등에 미량 함유된 단맛 성분을 가공해 설탕의 70% 정도의 단맛을 내는 설탕 대체식품이에요. 칼로리는 설탕의 1/10 정도로 대부분 소변으로 배출되어 혈당에 영향을 주지 않지만, 과다 섭취하면 복통, 설사 등을 일으키니 실온 보관하여 요리에 적적량을 사용해요.

올리고당

알룰로스와 함께 사용하는 대체감미료로 프락토올리고당, 이소말토올리고당으로 나눠요. 이소말토는 옥수수, 쌀 등의 전분으로 만들어 깊은 단맛을 내고, 프락토는 채소, 과일류에 포함된 천연물질로 만들어 식이섬유가 풍부하며 칼슘의 흡수를 도와요. 프락토올리고당은 프로바이오틱스(유산균)의 먹이가 되는 프리바이오틱스 중 하나라서 유산균이 함유된 요거트 활용 레시피에 사용하면 좋아요. 70℃ 이상에서 오랜 시간 가열하면 단맛이 감소하니 따뜻한 요리에는 이소말토올리고당을 사용해요.

식물성마요네즈

콩, 귀리 등의 곡류로 만들어 일반 마요네즈보다 콜레스테롤과 지방을 줄이고 식이섬유, 단백질을 높여 다이어트 중에 부담 없이 먹기 좋아요. 시판 제품을 이용하거나 두부를 활용해 직접 만들고, 꼭 냉장 보관해요.

홈메이드 식물성마요네즈

• 재료: 두부 1/2모(150g), 올리브유 3큰술, 레몬즙 2큰술, 알룰로스 1/2큰술, 캐슈넛 1/2줌(10g), 귀리우유 5큰술, 소금 약간
• 믹서나 푸드프로세서에 모든 재료를 넣고 잘 갈아서 냉장 보관하고, 1주일 이내로 먹어요.

저당고추장

일반 고추장은 나트륨과 당질이 높아 다이어트 중엔 피하거나 양을 조절해야 해요. 저당고추장은 국내산고춧가루에 알룰로스 등의 저칼로리 대체감미료를 배합하고, 찹쌀이나 밀가루 대신 메줏가루 등을 넣어 만들어 살찔 부담이 적어요. 개봉 후 냉장 보관해요.

된장

된장은 콩 발효 양념이라 건강에 좋지만, 나트륨이 과해 다이어트 중엔 조절해 먹어야 해요. 시판 저염된장을 구매하거나 244쪽 병아리콩저염된장을 만들어 사용하고, 냉장 보관해요.

홀그레인머스터드

겨자씨를 완전히 갈지 않고 만들어 씨가 톡톡 터지는 식감과 알싸한 맛이 좋아요. 고기, 샐러드, 샌드위치나 닭가슴살이 물릴 때 곁들이고, 올리브유와 섞어 드레싱을 만들어도 맛있어요. 냉장 보관해 사용해요.

들기름

연어, 고등어보다 월등히 높은 식물성 오메가3를 함유한 대신, 산패가 빨라요. 소용량의 국내산 들기름을 구입해 냉장 보관하고 한 달 이내에 사용하길 추천해요. 영양소의 파괴를 막기 위해 불을 쓰는 요리에는 가장 마지막에 섞어요.

빵빵하고 단단하게 샌드위치 포장하는 법

✅ 33cm×33cm 크기의 정사각형 유산지(크라프트 식품지)를 활용했어요.
   뚱뚱이 샌드위치를 포장하기에도 알맞은 크기예요.

✅ 유산지와 종이포일은 다른 제품이에요! 종이포일은 양쪽이 모두 코팅되어 있어 테이프가 붙지 않아 포장이 어려워요.

유산지를 올려 접는 단계에서 샌드위치를
90° 회전하고, 한쪽은 양쪽 엄지로 고정하고,
나머지 쪽을 당기며 붙이면 더 단단히 포장돼요.

1 유산지를 네모나게 깔고, 샌드위치 재료를 차곡차곡 쌓아 올려 식빵으로 덮어요.

2 빵을 한 손으로 가볍게 누르고 유산지를 좌우로 올려 접으며 충분히 겹쳐 종이테이프로 고정해요.

3 유산지 윗부분을 구김 없이 정리해 양손 검지로 누르고, 선물 포장하듯 2~3번 접어 테이프로 고정해요.

빵칼로 써는 게 가장 깔끔하고,
일반 칼로 썰 때는
칼을 세워 톱질하듯이 썰어요.

  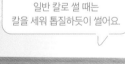 

4 반대편 부분도 같은 방법으로 포장 후 종이테이프로 고정해요.

5 샌드위치를 쌓은 단면을 생각하며 칼질할 방향을 정하고, 테이프를 붙인 면을 아래로 가게 두고 칼로 썰어요.

절대 터지지 않게
김밥 마는 법

☑ 김밥김이 너무 얇으면 초보자일수록 김밥이 터지기 쉬우니
도톰하고 구멍이 적은 유기농 김밥김을 사용해요.

> 김의 길이가 긴 쪽을 세로로 놓으면
> 빵빵한 김밥을 싸기 쉬워요.

> 치즈를 중간에 가로줄처럼 올려
> 밥양을 줄이거나, 달걀 지단 등을
> 한 김 식혀 밥 대신 깔아도 좋아요.

> 재료를 올리다 보면 김밥 가운데엔
> 많이, 양 끝엔 부실하게 쌓게 되는데
> 꼬투리 부분까지 빵빵하게
> 만들려면 김밥 양 끝까지
> 비슷한 양의 재료를 올려요.

1 김은 거친 면이 위로 오게 펼쳐
속 재료와 맞닿게 해요.

2 김의 윗부분에 20~30% 정도의
공간을 남기고 나머지 부분에
밥을 얇게 펼쳐요.

3 수분을 막아줄 잎채소 →
통째로 넣는 재료 → 채 썰거나
얇게 찢어 넣는 재료 순으로
올려요.

> 김밥 윗부분과 칼에 들기름을
> 발라 썰어요. 칼이 잘 들어야
> 김밥이 터지지 않아요.

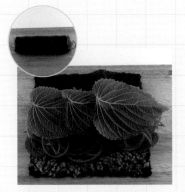

4 잎채소로 속 재료를 덮고,
양손으로 김의 아랫부분을
위로 올려 속 재료를 감싸듯이
굴려가며 힘주어 말아내요.

5 김과 김이 맞물리는 부분을
바닥으로 가게 잠시 두어
속 재료의 수분으로 김을
잘 고정시켜요.

배달 음식 다이어트 커스텀
& 편의점 다이어트 메뉴

가족과 친구와 함께 즐기는 배달 음식을 무작정 참기보다는, 다이어트식으로 재료를 덜고 더해서 건강하게 즐겨요.
탄수화물보다는 단백질이 주재료인 메뉴를 선택해서 아래의 팁을 참고하면, 맛있게 먹으며 다이어트를 지속할 수 있어요.
좋은 사람들과 맛있는 음식으로 즐거운 시간을 보내면서 긍정적인 에너지를 충전하세요.

피자

탄수화물을 적게 섭취하기 위해 도우는 씬으로 주문하고, 일반 피자라면 도우의 빵만 있는
부분을 남기고 먹어요. 토핑은 고구마나 포테이토 등의 탄수화물보다는 닭, 새우 등의 단백질을
선택해요. 마요네즈베이스의 디핑소스는 피하고, 느끼하면 핫소스를 뿌려 먹어요. 피자는
식이섬유가 부족하니 생채소샐러드를 드레싱 없이 곁들이거나 발사믹드레싱 같은
오일드레싱을 곁들여요.

대체 메뉴 프리타타파이(84쪽) / 피자맛비빔밥(90쪽) / 단호박닭가슴살크림그라탱(122쪽)

치킨

너무 짜지 않게 염지한 닭을 좋은 기름에 단시간에 튀기거나 오븐에 구운
치킨 브랜드를 선택해요. 양념보다는 프라이드치킨을 먹고, 시즈닝이 묻은 치킨이 당길 땐
시즈닝을 따로 달라고 요청해 그릇에 담아 조금씩 찍어 먹으면 나트륨을 적게 섭취할 수
있어요. 식이섬유가 부족하니 생채소를 곁들여요.

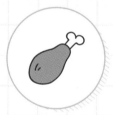

마라탕 & 마라샹궈

마라 요리에서 피해야 할 재료는 중국당면, 분모자 등의 당면과 떡 종류예요. 고기, 건두부 등으로
100~150g을 채우고, 채소와 버섯을 듬뿍 넣어서 먹어요. 기름에 볶는 마라샹궈보다는 마라탕을
선택해 국물을 최대한 먹지 않아요. 저는 마라샹궈보다는 토핑 재료를 데쳐서 매콤하고 새콤한
소스에 버무리는 마라반을 자주 먹는데요, 소스를 따로 달라고 요청해 짜지 않게 비벼
먹으면 다이어트식으로 손색없어요.

대체 메뉴 마라낫토비빔밥(88쪽) / 마라비빔면(154쪽)

찜닭

퍽퍽한 살 위주로 골라 양을 조절하면 적당히 먹어도 좋은 메뉴예요. 대신 당면은 거의 먹지 않는
것이 좋아요. 밥과 함께 먹을 때는 찜닭에 든 감자, 고구마 등도 양을 조절해가며 먹어요.

대체 메뉴 다이어트찜닭(34쪽)

냉면

비빔냉면으로 골라 소스를 따로 달라고 요청해요. 단백질이 부족한 메뉴이니 달걀 2개를 삶아서 준비하고, 오이 1/2개를 얇게 채 썰어놔요. 냉면이 도착하면 면의 1/3~1/2 분량을 따로 덜어두어 면의 양을 줄여요. 면에 채 썬 오이를 넣고 서비스 냉육수는 1/2 분량, 비빔소스는 최대 1/2 분량을 넣어 비비고, 단백질인 달걀을 먼저 먹고 냉면을 먹어요. 덜어둔 냉면과 소스, 냉육수는 냉장 보관해 나중에 먹어요.

대체 메뉴 초간단초계냉면(66쪽) / 양배추김치말이국수(76쪽) / 다이어트비냉(118쪽)

햄버거

탄수화물, 단백질, 지방이 골고루 들어가 다이어트 중 가끔 먹기에는 크게 부담이 없어요. 대신 빵은 한 장 빼고 먹고, 튀긴 패티보다는 구운 패티 메뉴를 선택해요. 마요네즈소스가 양상추에 듬뿍 발라져 있다면 소스를 조금 제거하고 먹어요.

대체 메뉴 바질토마토그릭베이글(156쪽) / 콘그릭샌드위치(200쪽) / 게맛살스크램블드에그샌드위치(202쪽)

족발 & 보쌈

다이어트 중에 비교적 부담이 적은 배달 음식이지만, 과식할 수 있으니 쌈채소와 함께 적당량만 먹어요. 막국수는 맛만 보고, 콜라 대신 탄산수를 곁들이거나 홈메이드 콤부차 (272쪽)로 대신해요.

떡볶이

탄수화물이 응축된 떡이 주재료인 떡볶이는 맵고 짜고 달고 자극적이기까지 해 다이어트에 최악인 메뉴예요. 그래도 가끔 먹고 싶을 땐 손바닥 크기의 접시 하나로 양을 조절해 먹거나, 떡 대신 어묵이 주재료인 어묵볶이를 선택해요.

대체 메뉴 토마토고추장비빔밥(96쪽) / 저탄수소떡소떡(180쪽) / 로제닭볶이(192쪽)

편의점에서 다이어트 메뉴 찾기

급하게 편의점에서 한 끼를 해결할 때도 메뉴만 잘 고르면 감량기를 유지할 수 있어요.

- 탄수화물: 바나나, 사과, 오트밀, 컵누들
- 단백질: 닭가슴살, 훈제란, 반숙란, 게맛살, 닭가슴살소시지, 연두부 등 다양한 제품 중 영양성분을 비교해 지방 함량이 높은 제품은 피해요.
- 지방: 저지방스트링치즈(단백질 함량이 높음), 아몬드(시즈닝이 없는 구운 아몬드)
- 김밥류: 밥을 조금씩 떼어내고 먹어요.
- 샌드위치: 속 재료를 마요네즈로 버무린 것보다는 생채소가 들어간 것을 고르고, 빵을 한 장 떼고 먹어요. 생채소 위주의 샐러드를 곁들여도 좋아요.

디디미니×미니언쥬의
몸과 마음이 건강해지는 감량 후기

디디미니와 함께 책 속 레시피를 만들어 먹으며 다이어트 하는 '#디디미니레시피도장깨기' 챌린지.
매년 수많은 분이 참여해 감량에 성공하고 몸과 마음의 건강을 되찾았다는 후기를 올려주시는데요,
역시 꾸준히 지속 가능한 레시피라서 성공할 수 있다는 후기가 많았답니다.
올해도 디디미니와 레시피와 건강하게 다이어트하세요.

닷피 @from.pea

몸에 좋지 않은 건 몽땅 다 하던 극단적인 다이어터가 질병때문에 30kg이 찌고 수술까지 경험한 후, 디디미니 레시피를 만났어요. 몇 가지 요리를 만들어 먹다보니 배도 부르고 맛있고 재밌어서 1년 동안 다이어트를 지속하며 18kg을 감량했어요. 미니 언니의 건강한 습관들도 따라 하다 보니 안 좋은 습관이 사라지고 제 몸과 마음 또한 건강해졌답니다. 디디미니 레시피는 제 인생의 터닝 포인트예요!

☑ **디디미니 레시피의 장점 3가지!**
→ ❶ 맛있음 ❷ 다양함 ❸ 속 편함!

☑ **디디미니 식단 이후 바뀐 점 4가지!**
→ ❶ 습관 성형 ❷ 긍정적 마음가짐+높아진 자존감 ❸ 편식 타파 ❹ 행복한 식사 시간

자두 @dd.plum

지우 언니의 요리는 저의 음식 강박증과 폭식증을 극복하게 도와주는 현재 진행형 레시피예요. 절식 다이어트로 30kg 감량 후, 다시 절식과 폭식으로 인해 요요와 무월경, 생리불순이 찾아왔고, 온종일 음식 생각만 하는 나를 부정하며 1년을 보냈어요. 그러다가 지우 언니의 책을 만나 골고루 먹다 보니 '보통 사람처럼 일반식 먹기'가 가능해졌어요. 하루 한 끼는 식사를 만들어 먹고 뿌듯함을 느끼며 자존감도 점점 회복되었어요. 가끔 폭식하거나 우울하고 불안하기도 하지만 "으쌰!" 하면서 일어날 수 있는 건, 지우 언니 레시피를 믿고, 그에 대한 확신을 가진 나를 믿기 때문이에요.

미순 @diet_misoon

식단 스트레스가 없는 식단계의 오아시스 같은 존재, 디디미니 레시피! 만들기 쉽고 맛도 좋아서 속세음식 먹은 다음 날에도 감량을 포기하지 않고 끼니를 즐겁게 챙길 수 있었어요. 간단하니까 도시락을 싸기에도 너무 편했답니다. 식단 후에는 당연히 체중이 줄었고 허리 라인과 등살, 종아리에도 변화가 생겼어요. 식단과 운동을 병행하며 '운동-도시락 싸기-출근-식단 루틴'을 습관화했는데 하루를 알차게 쓰는 뿌듯함은 말로 다 하지 못해요. 지우 언니와 미니언쥬와 함께 서로의 다이어트를 공유하고 소통하며 선한 영향력의 힘을 알게 된 좋은 경험이었어요.

지안 @jian_amy_

2달간 디디미니 레시피로 체중을 1.7kg 감량했는데, 그중 지방이 1.6kg이나 감소해서 정말 만족스러워요. 제게는 조리법이 단순해서 빨리 완성할 수 있다는 것이 큰 장점이었는데요, 맛은 또 얼마나 좋은지 먹어보고 깜짝 놀랄 때가 많았어요. 평소에 먹지 않던 채소를 먹게 되었고, 익힌 당근을 싫어하던 남편마저 맛있게 먹어서 신기했죠. 상상도 못 할 맛의 향연이 펼쳐지는 디디미니 레시피는 이제 제 삶의 일부예요.

디디미니 레시피를 2달간 실천하면서 주 1~2회 술을 마시면서도 2~3kg 감량에 성공했고, 지속 가능한 습관이 만들어졌어요. 단 2달 만에 긍정적인 변화가 내 안에서 일어났어요!

☑ 속이 편하고 잘 붓지 않아요. 어느 순간 몸이 가벼워진 게 느껴져서 신기했어요.

☑ 맛있어서 그냥 해 먹게 돼요. 맛있는데 건강하다니, 이 얼마나 행복한가요?

☑ 버리는 재료가 없어요. 재료 하나를 다양한 요리에 쓸 수 있어서 1인 가구에게 최고!

☑ 다양한 요리 덕분에 메뉴 고민이 즐거워요. 냉장고 사정에 따라 선택할 수 있거든요.

☑ 배달 음식비, 외식비가 왕창 줄어서 너무 뿌듯해요.

☑ 함께하는 미니언쥬 덕분에 좋은 자극을 받으면서 다이어트를 지속할 수 있어요.

극단적인 식단과 운동으로 10kg을 감량했다가 무월경, 두통, 탈모, 위경련 등을 겪은 제가 스트레스 없는 디디미니 레시피를 지속하며 느낀 점을 간략히 말씀드릴게요. 결론은 식단 만족도 최고입니다!

❶ '빵+밥+떡+디저트'+
'한식+양식+일식+멕시코+동남아 음식'
→ 다 챙겨주는 레시피

❷ 너무 맛있고 배부름

→ 외식도 치팅데이도 필요 없는 고통 없는 식단

❸ 싫어하는 채소와 식재료들과 친해짐

→ 이것은 기적!(feat. 당근, 대파, 양배추, 가지 등)

❹ 요리가 재밌어짐 → 요리+플레이팅+사진 실력 up!

❺ 지칠 대로 지친 평생 다이어터에게 추천

→ 스트레스 없는 행복한 다이어트

직접 만들어보고 추천하는 필수 식재료

▶ 단백질: 닭가슴살, 새우, 달걀, 훈제오리

▶ 채소: 양파, 양배추, 청양고추, 깻잎, 다진 마늘

▶ 소스류: 토마토소스, 스리라차소스(+식물성마요네즈)

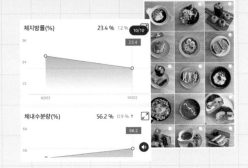

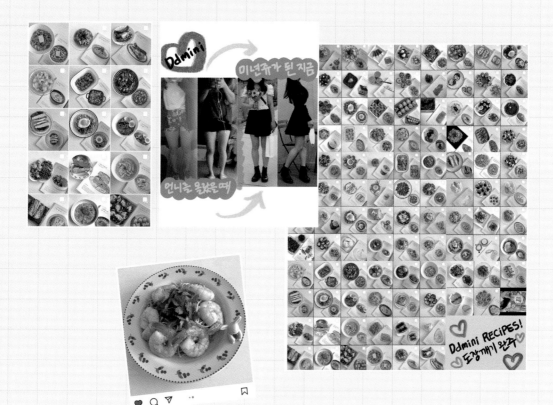

마이데이 @dote.on.myday

디디미니 식단을 진행하면서 '잘 사는 법'이 뭔지 알게 되었어요. 하루에 한 끼 이상을 직접 챙기며 제 안의 소리에 귀를 기울이니 몇 년간 우울했던 몸과 마음, 라이프 스타일이 제자리를 찾아가기 시작했어요.

❶ 건강해진 마음
슬럼프와 우울감 때문에 힘들었던 때, 나에게 선물을 준다는 생각으로 요리하며 내가 중심인 삶을 살아가기 시작했고 뿌듯함과 행복을 느끼게 되었어요.

❷ 건강해진 몸
생리 주기가 정상이 되었고 배변 활동이 좋아졌으며 복근도 다시 살아나고 있어요. 또 채소 섭취량도 늘어나 피부가 좋아졌고, 술과 야식을 먹었는데도 오히려 살이 빠졌어요.

❸ 새로운 맛의 발견
좋아하지 않았던 식재료를 사랑하게 되었고 낫토, 고수, 비트, 템페의 맛에 빠졌어요.

❹ 강박 타파
과거에는 다이어트를 하면서 먹으면 안 될 음식에 프레임을 씌우고, 초절식과 보복성 고강도 운동을 반복하며 요요와 생리 중단을 경험했는데 이제 현명하게 먹는 법을 알게 되었어요.

❺ 식비 절약
배달 음식과 외식을 줄이고 직접 해 먹었더니 1달 치 식비로 2달을 버텼어요! 재료를 사면 최소 2~5가지 레시피로 무한 응용이 가능한 디디미니 레시피 최고!

part 1

닭가슴살, 두부, 야채로 만드는
초간단 요리

요리 왕초보와 귀차니스트 다이어터에게 바치는 정말 정말 쉽고

진짜 진짜 맛있는 레시피예요. 우선 재료부터 간편해요.

다이어터의 냉장고 속 필수 재료인 닭가슴살, 두부, 야채, 즉 '닭두야'만 있으면

재료 끝! 여기에 매운맛, 간장맛, 새콤달콤한 맛, 느끼한 맛 등의

양념을 더하니 다이어트식이라고는 믿을 수 없는 요리들이 탄생했죠.

누가 만들어도 성공해서 직접 만든 요리가 맞는지 감탄한다는

초보자용 디디미니표 레전드 레시피는 하루 만에 붓기부터 쫙 빼줘요.

순두부달걀덮밥

아침 / 점심 \ 저녁

요리 이름만 들어도 보들보들 보드라운 식감이 상상되지 않나요?

식물성 단백질인 순두부, 동물성 단백질인 달걀이 만나

원래부터 하나였던 것처럼 부드럽게 어우러져 밥을 더 맛있게 만들어줘요.

단백질이 풍성해서 밥을 적게 넣어도 포만감이 좋고, 기분 좋은 질감이 입을 즐겁게 해요.

INGREDIENTS

- ○ 잡곡밥 100g
- ○ 순두부 1봉(400g)
- ○ 달걀 2개
- ○ 양파 1/4개(65g)
- ○ 대파 23cm(25g)
- ○ 통깨 약간

소스

- ○ 고춧가루 1/2큰술
  (혹은 청양고춧가루)
- ○ 간장 1큰술
- ○ 알룰로스 1큰술
  (혹은 올리고당 2/3큰술)
- ○ 굴소스 1/2큰술
- ○ 물 1/2컵

1 양파는 채 썰고, 대파는 송송 썰고, 순두부는 봉지째 2등분한다.

2 달걀은 잘 풀고, 소스 재료는 잘 섞는다.

3 팬에 소스, 양파, 순두부를 넣고 강불에서 끓이고, 주걱으로 순두부를 큼직하게 나눈다.

달걀이 원하는 만큼 익을 때까지 끓여요.

4 양파가 반투명해지면 달걀물을 빙 둘러 붓고, 대파를 올리고 뚜껑을 닫아 중약불에서 졸여 불을 끈다.

5 그릇에 밥을 담고 순두부달걀을 올려 통깨를 뿌린다.

다이어트찜닭

아침 / 점심 / 저녁 / 밀프렙

다이어트 중에도 부담 없이 먹을 수 있도록 달콤하고 짭조름한 맛이 매력인
찜닭을 만들었어요. 짜지 않게 간하고, 건강하게 단맛을 내고, 채소를 듬뿍 넣었죠.
그리고 찜닭에서 가장 살찌는 재료인 두꺼운 당면 대신 현미라이스페이퍼를 넣어서
쫄깃한 당면 식감 또한 놓치지 않았어요. 맛은 디디미니가 보장하니 푸짐하게 만들어 밀프렙하세요.

INGREDIENTS 2회 분량

- ○ 생닭가슴살 300g
- ○ 새송이버섯 2개(115g)
- ○ 당근 1개(120g)
- ○ 청양고추 1개
- ○ 대파 24cm(60g)
- ○ 현미라이스페이퍼 4장
- ○ 통깨 약간

소스

- ○ 다진 마늘 1큰술
- ○ 진간장 3큰술
- ○ 알룰로스 3큰술
  (혹은 올리고당 2큰술)
- ○ 들기름 2큰술
- ○ 굴소스 1/2큰술
- ○ 동결건조생강 5큐브
  (혹은 다진 생강 1/2큰술)
- ○ 물 2컵

동결건조생강
자주 사용하지 않는 다진 생강 대신 동결건조한 냉동생강을 구비해두면 생강을 손질하지 않아도 되고 상해서 버릴 걱정 없이 안전하게 보관할 수 있어 편리해요.

밀프렙 팁

1인분보다 넉넉한 양을 만들면 더 맛있으니 밀프렙해서 보관하세요. '모든 재료 1회 분량×n끼니'로 계산하여 만들되, 라이스페이퍼는 미리 넣어두면 너무 불어 쫀득한 맛이 없으니 끼니때마다 넣어 먹어요. 1~2일 내 먹을 분량은 냄비에 담아 그때그때 끓여 먹고, 이후에 먹을 것은 소분해 냉장 보관해요.

1 생닭가슴살, 버섯, 당근은 한입 크기로 썰고, 고추, 대파는 어슷 썰고, 라이스페이퍼는 가위로 4등분한다.

2 소스 재료는 잘 섞는다.

3 냄비에 생닭가슴살, 고추, 대파, 소스 재료를 넣고 버무려 15분간 재운 다음, 중불에서 끓인다.

4 닭가슴살이 거의 익으면 버섯, 당근을 넣어 끓이고, 당근이 익으면 라이스페이퍼를 넣고 잘 저어 불을 끈다.

5 그릇에 담아 통깨를 뿌린다.

오이김비빔밥

아침 / 점심 / 지녁 / 비가열

한 번도 안 먹어본 사람은 있어도 한 번만 먹어본 사람은 없다는,
수많은 후기를 남긴 오이김비빔밥이에요. 늦은 밤 허기질 때 밥 없이 김만 먹다가
저도 모르게 푹 빠진 조합인데요, 밥이나 곤약면 등을 추가해 비벼 먹으니 든든하고 맛있어서 메뉴로 만들었어요.
끊이지 않는 후기처럼 맛도 포만감도 기대 이상으로 만족스러우니 꼭 도전해보세요.

INGREDIENTS

○ 잡곡밥 100g

○ 오이 1개

　(150g/혹은 오이고추 4개)

○ 청양고추 1개

○ 완조리닭가슴살큐브 1봉(100g)

○ 김밥김 2장

소스

○ 다진 마늘 1큰술

○ 간장 1큰술

○ 알룰로스 2/3큰술

　(혹은 올리고당 1/2큰술)

○ 사과식초 1큰술

○ 생들기름 2큰술

○ 통깨 1/3큰술

1 오이, 고추, 닭가슴살은 작은 한입
　크기로 썰고, 김은 손으로 잘게
　찢는다.

통깨는 손으로 비벼가며
으깨어 넣으면 더 고소해요.

2 소스 재료는 잘 섞는다.

3 그릇에 밥을 담고 오이, 고추,
　닭가슴살, 김을 둘러 담아 소스를
　올려 비벼 먹는다.

초간단유부덮밥

아침 / 점심 / **전자레인지**

5분이면 완성되는 초간단 레시피지만, 일식집에서 먹던 덮밥 못지않게
맛 좋은 일본풍 유부덮밥이에요. 이미 많은 분이 저의 SNS를 보고 만들어보셨죠?
'놀라움을 금치 못하는 레시피'라고 찬사를 보내주셔서 자신 있게 소개해드려요.
딱 한 번만 만들어 먹어보면 냉동실에 유부가 떨어지는 날이 없을 거예요.

INGREDIENTS

○ 현미곤약밥 1팩(150g)

○ 냉동유부슬라이스 1줌(40g)

○ 양파 1/2개(83g)

○ 청양고추 2개

○ 달걀 2개

○ 통깨 약간

소스

○ 간장 1큰술

○ 생수 7큰술

○ 굴소스 1/2큰술

1 양파는 두껍게 채 썰고, 고추는 어슷 썬다.

2 소스 재료는 잘 섞는다.

국내산 콩으로 만든 시판 냉동유부슬라이스를 사용했어요.

3 내열용기에 양파 1/2-밥-고추 1/2- 유부-나머지 양파를 올린다.

4 소스를 빙 둘러 붓고, 달걀을 깨 올려 노른자를 터뜨린 다음, 남은 고추를 올린다.

5 전자레인지에 2분+2분간 가열해 통깨를 뿌린다.

토마토 그라탱

아침 / 저녁 / 전자레인지

#토마토국밥

이름은 그라탱이지만, 닭가슴살의 육즙과 채소의 채즙이 만들어낸 자작한 국물 때문에
토마토국밥이란 별칭이 붙은 메뉴예요. 토마토와 닭가슴살과 버섯, 그리고 매운맛을 내는 채소와
매콤한 소스를 몽땅 섞어서 전자레인지로 가열하면 국밥의 민족인 우리 입맛에도 찰떡인 칼칼한 요리가 완성돼요.
불 없이 만들 수 있는 초간단 레시피라서 자주 만들어 먹게 될 거예요.

INGREDIENTS

○ 완조리닭가슴살 100g

○ 대추방울토마토 7개

○ 청양고추 1개

○ 양파 1/4개(35g)

○ 느타리버섯 53g(1줌)

○ 토마토소스 1큰술

○ 스리라차소스 1큰술

○ 피자치즈 20g

○ 파슬리가루 약간

1 닭가슴살은 작은 한입 크기로 썰고, 토마토는 4등분하고, 고추는 어슷 썰고, 양파는 채 썰고, 버섯은 가닥가닥 찢는다.

2 내열용기에 손질한 재료를 모두 넣고 토마토소스, 스리라차소스를 넣어 잘 섞는다.

3 피자치즈를 골고루 뿌리고 전자레인지에 3분+2분간 가열해 파슬리가루를 뿌린다.

닭가슴살냉채비빔면

아침 / 저녁 / 비가열

코끝까지 알싸한 맛, 살찔 걱정 없이 배부르게 먹을 수 있는 즐거움!
이 모든 것을 닭가슴살냉채비빔면이 선물합니다. 수분감이 가득한 아삭아삭한 채소에
닭가슴살을 찢어 넣고, 식이섬유가 가득한 저칼로리 다시마국수를 넣어주세요.
마지막으로 미니표 다이어트 냉채소스와 함께 버무리기만 하면 자꾸 생각나는 톡 쏘는 맛의 비빔면이 완성돼요.

INGREDIENTS

○ 다시마국수 1봉
  (180g/혹은 미역국수)
○ 완조리닭가슴살 120g
○ 빨강파프리카 1/3개(50g)
○ 노랑파프리카 1/3개(50g)
○ 양파 1/4개(45g)
○ 통깨 1/3큰술

소스

○ 다진 마늘 1/2큰술
○ 무가당땅콩버터 1/2큰술
○ 사과식초 2큰술
○ 간장 1큰술
○ 알룰로스 1큰술
  (혹은 올리고당 2/3큰술)
○ 연겨자 1/3큰술

1 빨강·노랑파프리카는 길게 채 썰고, 양파는 얇게 채 썰고, 닭가슴살은 손으로 찢는다.

2 다시마국수는 헹궈 물기를 뺀다.

3 큰 볼에 소스 재료를 넣어 잘 섞고, 다시마국수, 파프리카, 양파, 닭가슴살을 넣어 골고루 버무린다.

4 그릇에 담아 통깨를 뿌린다.

양배추피자달걀말이

아침 / 저녁

부드러운 식감을 가진 달걀말이는 단백질이 풍부해서 감량 시 다른 반찬보다 부담 없이 먹을 수 있어요.

평범한 달걀말이에 양배추를 넣어 포만감과 씹는 재미를 느낄 수 있고, 올리브와 토마토로

이국적인 맛을 더해 피자맛까지 즐길 수 있는 이색적인 달걀말이를 만들어봐요.

INGREDIENTS [2회 분량]

- ○ 양배추 90g
- ○ 달걀 5개
- ○ 블랙올리브 5개
- ○ 피자치즈 40g
- ○ 토마토소스 1큰술
- ○ 올리브유 1/2큰술

1 양배추는 가늘게 채 썰어 씻고, 체에 받쳐 물기를 뺀다.

2 달걀은 잘 풀고, 올리브는 동그란 모양을 살려 썬다.

3 달군 팬에 올리브유를 두르고 중불에서 양배추를 볶다가 숨이 죽으면 중약불로 줄이고, 양배추를 넓게 펼쳐 달걀물 1/2 분량을 붓는다.

4 달걀의 1/3 지점에 피자치즈, 올리브, 토마토소스를 나란히 올리고 돌돌 만다.

5 다시 달걀물을 조금씩 부어가며 익히고 돌돌 말기를 반복해 양배추피자달걀말이를 만든다.

6 한 김 식혀 먹기 좋게 썰고, 잡곡밥을 곁들여 든든한 아침이나 저녁으로 2회에 나눠 먹는다.

두부김치볶음밥

아침 / 점심 / 저녁 / 밀프렙 / 원팬

두부를 으깨서 바싹 볶으면 수분이 날아가 마치 밥알을 먹는 듯해요.
그래서 다이어트 요리를 할 때 밥양을 줄이고 볶은 두부를 넣으면 탄수화물을 낮추면서
포만감을 높일 수 있죠. 한국인의 소울푸드 중 하나인 김치볶음밥을
간단한 원팬 레시피로 쉽고 맛있게 더 건강하게 즐겨보세요.

INGREDIENTS

○ 잡곡밥 100g

○ 두부 1/2모(150g)

○ 김치 46g(1줄기)

○ 양배추 120g

○ 청양고추 1개

○ 달걀 1개

○ 토마토페이스트 1큰술

○ 올리브유 1/2큰술+1/3큰술

1 두부는 키친타월로 겉면의 물기를 제거하고 칼등으로 눌러 으깬다.

2 김치, 양배추는 잘게 썰고, 고추는 얇게 송송 썬다.

3 마른 팬에 두부를 넣고 강불에서 물기가 날아갈 때까지 볶는다.

4 올리브유 1/2큰술을 두르고 김치, 양배추, 고추를 넣어 섞어가며 볶는다.

밀프렙 팁

볶음밥은 3~5회 분량 이상 만들어 밀프렙하면 좋아요. '모든 재료 1회 분량×n끼니'로 계산하여 만들되, 김치는 70%, 올리브유는 50% 분량만 사용해도 충분해요. 처음부터 크고 깊은 냄비에 볶아 소분하고, 달걀프라이는 따로 만들어서 볶음밥에 올려요. 2~3일 내 먹을 것은 냉장실에, 이후에 먹을 것은 냉동실에 보관해요.

5 밥, 토마토페이스트를 넣어 비비듯 볶다가 가운데 홈을 파고 올리브유 1/3큰술을 두른 다음, 달걀을 깨 올린다.

6 뚜껑을 덮고 약불로 줄여 달걀을 반숙으로 익히고, 노른자를 터뜨려 볶음밥과 비벼 먹는다.

오이고추된장밥

아침 / 점심 \ 저녁 / 비가열

244쪽 병아리콩저염된장 활용

#오고된

디디미니 유튜브의 인기 영상인 K-비빔밥 콘텐츠에서 많은 분이 극찬한 메뉴
오이고추된장밥은 저도 한동안 매일 해 먹었을 만큼 맛도 좋고 살도 빠지는 다이어트 건강식이에요.
잡곡밥에 참치와 오이고추, 김을 곁들이고 미니표 특제 소스를 넣어 비벼 보세요.
단백질과 비타민은 물론, 좋은 탄수화물까지 모자람이 없는 영양 가득한 한 그릇이 돼요.

INGREDIENTS

- ○ 잡곡밥 120g
- ○ 오이고추 4개
- ○ 청양고추 1개(선택)
- ○ 참치통조림 1개(100g)
- ○ 김밥김 2장

소스

- ○ 다진 마늘 1큰술
- ○ 병아리콩저염된장 1큰술
  (244쪽 참고/혹은 된장
  1/2~2/3큰술)
- ○ 알룰로스 2/3큰술
  (혹은 올리고당 1/2큰술)
- ○ 식초 1큰술
- ○ 들기름 2큰술
- ○ 통깨 1/3큰술

1 오이고추는 작은 한입 크기로 썰고, 청양고추는 얇게 송송 썬다.

2 참치는 숟가락으로 눌러 기름을 빼고, 김은 손으로 잘게 찢는다.

토핑용 통깨를 약간만 남겨둬요.

3 큰 볼에 소스 재료를 모두 넣고 잘 섞는다.

4 고추, 참치, 밥을 넣고 소스와 잘 비벼 그릇에 담아 통깨를 뿌린다.

밥공기에 비빔밥을 눌러 담고
완성 그릇에 밥공기를 뒤집어
올려서 플레이팅 하면 예뻐요.

닭쌈주먹밥

아침 / 점심 / 지녁 / 비가열

228쪽 닭가슴살볶음고추장 활용

영양을 골고루 더해 만든 저염식 닭가슴살볶음고추장에
다양한 식감을 가진 건강 재료를 곁들여 입이 심심할 틈 없어요.
주먹만큼 큼직하게 만들어 휴대가 간편하고, 포장만 풀어서 먹으면 되니
먹기에도 편해요. 도시락이나 밀프렙 메뉴로 추천합니다.

INGREDIENTS 2회 분량

○ 잡곡밥 220g
○ 완조리닭가슴살 1개(125g)
○ 청양고추 2개
○ 아몬드 1줌(21g)
○ 김밥김 2장
○ 닭가슴살볶음고추장 3큰술
　(228쪽 참고/혹은 고추참치
　2~3큰술)
○ 날치알 2큰술
○ 들기름 1큰술
○ 통깨 2꼬집

김은 손으로 잘게 찢어요.

1 닭가슴살은 굵게 다지고, 고추는 잘게 썰고, 아몬드는 칼등으로 으깨어 잘게 다진다.

2 볼에 닭가슴살, 고추, 아몬드, 김, 밥을 담고 볶음고추장, 날치알, 들기름을 넣어 비빈다.

3 밥그릇에 랩을 깔고 통깨를 1꼬집 정도 올린다.

4 비빔밥의 1/2 분량을 꾹꾹 눌러 담고 동그랗게 래핑해 주먹밥을 만들고, 총 2개의 주먹밥을 만들어 2회에 나눠 먹는다.

part 2

누구나 쉽고 빠르게 완성하는
스피드 10분 요리

디디미니 레시피의 가장 큰 장점은 맛있어서 질리지 않는다는 점,

그리고 다이어트를 지속할 수 있도록 조리법이 쉬운

스피드 메뉴가 많다는 것이죠. 그래서 스피드 10분 파트에는

말 그대로 10분 안에 완성할 수 있는 요리가 가득해요.

전자레인지 요리, 원팬 요리, 비가열 요리 중에 손이 자주 갈 만한

손쉬운 요리만 골랐어요. 덮밥, 국수, 파스타, 리소토, 국물 요리, 컵밥 등

메뉴 또한 다양하니 입맛 따라 재료 따라 골라서 요리해요.

들기름두부국수

들기름막국수는 없던 입맛도 돌아오게 만드는 메뉴인데,

생각 없이 후룩후룩 먹다 보면 탄수화물을 과식하기 쉬워요.

그렇다고 안 먹기에는 너무 아까운 메뉴잖아요? 일반 막국수를 두부면으로 바꾸고

들기름으로 향을 내 단백질 가득한 국수를 즐겨봐요.

INGREDIENTS

○ 면두부 1팩(100g)

○ 샐러드채소 80g

○ 김밥김 1장

소스

○ 통깨 3큰술

○ 다진 마늘 1/2큰술

○ 간장 1큰술

○ 알룰로스 1큰술
  (혹은 올리고당 2/3큰술)

○ 들기름 2큰술

1 면두부, 샐러드는 각각 헹궈 물기를
  뺀다.

절구가 없다면 통깨를
손으로 비벼가며 으깨요.

2 김은 가위로 잘게 자르고, 소스
  재료의 통깨는 절구에 넣고 간다.

마지막에 뿌릴 통깨를
약간만 남겨둬요.

3 큰 볼에 소스 재료를 모두 넣고
  잘 섞는다.

4 소스에 면두부를 넣고 버무린다.

5 그릇에 샐러드를 담고 비빈
  면두부를 올려 김, 통깨를 뿌린다.

원팬게살로제리소토

아침 / 점심 \ 밀프렙 \ 원팬

#게살로제리조또

파스타도 로제, 떡볶이도 로제, 요즘에는 어딜 가나 로제가 대세!

이제 레스토랑에 가거나 배달 음식을 시키는 대신 집에서도 건강 버전의 로제 요리를 만들어봐요.

팬 하나에 재료를 넣고 끓이면 고급스러운 요리가 완성되니 요리 초보자에게도 이만한 메뉴가 없죠.

원팬으로 설거지까지 줄여주는 기특한 리소토는 맛도 정말 좋아요.

INGREDIENTS

- 현미곤약밥 1팩(150g)
- 양배추채 120g(2줌)
- 게맛살 2개
- 달걀 1개
- 슬라이스치즈 1장
- 토마토소스 1큰술
- 귀리우유 1컵
  (혹은 우유, 무가당두유)
- 고춧가루 1큰술
  (혹은 청양고춧가루)
- 카레가루 1/2큰술
- 알룰로스 1큰술
  (혹은 올리고당 2/3큰술)
- 파슬리가루 약간
- 올리브유 1/2큰술

1 달군 팬에 올리브유를 두르고
  양배추채, 토마토소스를 넣고
  중불에서 볶는다.

2 양배추의 숨이 살짝 죽으면
  우유, 밥, 고춧가루, 치즈를 넣고,
  게맛살은 결대로 찢어 넣는다.

3 달걀을 깨 올려 잘 섞고, 카레가루,
  알룰로스를 넣고 저어가며 흰자가
  익을 때까지 끓인다.

4 파슬리가루를 뿌리고 팬째로
  먹는다.

시판 양배추채

양배추는 생채소 중에서도 오랫동안 보관할 수 있고 요리에 쓰임이 많아 한 통을 사서 미리 손질해두면 좋아요.
바쁠 때는 시판 양배추채를 활용하면 재료 손질 시간이 줄어 편리해요.

밀프렙 팁

리소토는 볶음밥과 함께 밀프렙 대표 추천 메뉴 중 하나예요.
'모든 재료 1회 분량×n끼니'로 계산하여 만들되, 우유와 올리브유의 비율은 20~30%로 줄여도 좋아요.
한 끼 분량씩 소분해서 2~3일 내 먹을 것은 냉장실에, 이후에 먹을 것은 냉동실에 보관해요.

초코크림요거트볼

아침 / 점심 / 비가열

달콤한 맛, 꾸덕꾸덕한 식감이 당기는 날에는 무가당요거트에

초코맛 프로틴가루를 섞어보세요. 프로틴가루 속 유청 단백과 요거트가 만나면

시판 초코잼이 생각나지 않을 만큼 진하고 감미로운 건강 크림이 완성돼요.

여기에 좋아하는 과일을 곁들이면 신선한 아침 식사로도 손색없어요.

INGREDIENTS

- ○ 무가당요거트 120ml
- ○ 프로틴가루(초코맛) 3큰술(30g)
- ○ 무가당코코아가루 1큰술(8g)
- ○ 바나나 1개
- ○ 블루베리 10개
- ○ 뮤즐리 40g
- ○ 카카오닙스 1/2큰술

초코맛 프로틴가루가 없다면 단맛이 나는
다른 맛의 프로틴가루를 활용해요.

1 바나나는 동그란 모양을 살려
  납작하게 썰고, 블루베리는 씻어
  물기를 제거한다.

2 요거트, 프로틴가루, 코코아가루를
  잘 섞어 초코요거트를 만든다.

애플민트나 로즈마리 등의
허브를 올리면 비주얼 up!

3 그릇에 바나나 1/2 분량을 담고
  초코요거트를 얹은 다음, 남은
  바나나, 블루베리, 뮤즐리,
  카카오닙스를 토핑한다.

토마토카레달걀찜

아침 / 저녁 / 전자레인지

#토달찜

다이어트 중 냉장고에 항상 구비하고 있는 달걀, 토마토, 브로콜리.
자주 먹어서 질릴 때가 된 재료들이니 좀 더 맛있게 조리해서 특별하게 먹어보려고요.
몸에 좋은 채소를 한입 크기로 썰어서 달걀과 토마토소스를 섞고, 이 요리의 치트키인
카레가루를 더해 전자레인지로 가열하면 보들보들한 서양식 같은 달걀찜 완성!

INGREDIENTS

- ○ 토마토 1/2개(62g)
- ○ 브로콜리 1/4개(45g)
- ○ 양파 1/4개(42g)
- ○ 퀵오트밀 3큰술(18g)
- ○ 달걀 2개
- ○ 토마토소스 1큰술
- ○ 카레가루 1/2큰술
- ○ 피자치즈 15g
- ○ 파슬리가루 약간

1 토마토, 브로콜리는 작은 한입
크기로 썰고, 양파는 잘게 썬다.

2 볼에 토마토, 브로콜리, 양파,
오트밀, 달걀, 토마토소스,
카레가루를 넣고 잘 섞는다.

3 내열용기에 섞은 재료를 담고
피자치즈를 뿌려 전자레인지에
2분+2분간 가열한다.

4 파슬리가루를 뿌린다.

무화과올리브컵빵

아침 / 점심 / 밀프렙 / 전자레인지

잘 익어 달콤하고 부드러운 무화과와 짭짤한 맛의 블랙올리브가

조화롭게 어우러진 컵빵이에요. 재료를 모두 섞어서 전자레인지로 가열하면 되니

정말 간단하죠? 설탕 없이 과일이 가진 단맛으로 단짠단짠 건강빵을

완성할 수 있어요. 무화과 대신 부드러운 단맛을 가진 바나나, 망고를 활용해도 좋아요.

INGREDIENTS

○ 무화과 1개(혹은 냉동무화과)

○ 블랙올리브 3개

○ 닭가슴살슬라이스햄 2장(20g)

○ 양파 1/5개(38g)

○ 달걀 2개

○ 뮤즐리 4큰술(35g)

○ 무염버터 10g

○ 귀리우유 2큰술

    (혹은 우유, 무가당두유)

○ 피자치즈 15g

○ 파슬리가루 약간

1 무화과, 올리브는 동그란 모양을
살려 썰고, 햄은 작게, 양파는 잘게
썬다.

> 버터는 오래 가열하면 전자레인지 안에서
> 터질 수 있으니 재빨리 가열해요.

2 내열용기에 버터, 우유를 넣고
전자레인지로 10초간 가열한다

> 토핑용 무화과, 올리브,
> 뮤즐리를 약간만 남겨둬요.

3 가열한 재료에 무화과, 올리브, 햄,
양파, 달걀 1개, 뮤즐리를 넣고
잘 섞는다.

> 가열 시 터지지 않도록
> 노른자를 포크로 찔러요.

4 섞은 재료 위에 달걀 1개를 깨
올리고, 피자치즈, 토핑용 무화과와
올리브를 올려 전자레인지로
2분+2분간 가열한다.

밀프렙 팁

1회 분량 반죽을 달걀 2개로
만들어 단백질을 채웠기 때문에
닭가슴살슬라이스햄을 2장만
넣었어요. 이때 햄이 애매하게
남는 게 신경 쓰이면, 한꺼번에
여러 개를 만들어 밀프렙하세요.
원하는 분량만큼 반죽을 섞어
내열용기에 넣고 한꺼번에 가열한
다음, 1회 분량씩 소분해요.
2~3일 내 먹을 것은 냉장실에,
이후에 먹을 것은 냉동실에
보관하고 전자레인지에 해동해
데워 먹어요. 한 손에 쏙 들어오는
크기라서 바쁜 아침에 하나씩
챙기기에도 좋아요.

5 파슬리가루, 토핑용 뮤즐리를
뿌린다.

바질버섯수프

아침 / 점심 / 저녁 / 밀프렙 / 원팬

잠시만요! 수프를 안 좋아하신다고요? 재료 조합이 낯설어서 시도하기 겁난다고요?
저를 믿고, 비가 오거나 따끈따끈한 국물 요리가 생각나는 날에 꼭 만들어보세요.
닭과 버섯에서 우러난 담백한 국물에 향긋한 바질페스토가 더해져
레스토랑 수프에 버금가는 보양식 같은 한 그릇을 만날 수 있답니다.

INGREDIENTS

- ○ 느타리버섯 1½줌(95g)
- ○ 완조리닭가슴살 100g
- ○ 청양고추 1개
- ○ 양파 1/5개(35g)
- ○ 오트밀 2큰술(20g)
- ○ 물 2컵(400ml)
- ○ 유기농 치킨스톡(액상) 1개
  (14g/혹은 가루치킨스톡 1/3큰술)
- ○ 바질페스토 1큰술

치킨스톡 대신 사골육수를 넣을 때는
사골육수 1컵, 물 1컵을 사용해요.

1 버섯, 닭가슴살은 손으로 먹기 좋게
찢고, 고추는 어슷 썰고, 양파는
한입 크기로 썬다.

2 냄비에 물, 치킨스톡, 버섯, 고추,
양파를 넣고 중불에서 끓인다.

3 끓어오르면 닭가슴살, 오트밀을
넣고 눌어붙지 않게 저어가며
2분간 끓인다.

4 오트밀이 적당히 불면 바질페스토를
넣고 잘 섞어 바로 불을 끈다.

시판 치킨스톡은 가루, 고체, 액체 등 여러 가지 제형이 있는데, 저는 액체형 유기농 제품을 사용해요.
동물복지 닭과 유기농 마늘, 소금만을 사용하여 첨가물 없이 만든 제품으로 요리에 깊은 맛과 감칠맛을 내줘요.

밀프렙 팁

'모든 재료 1회 분량×n끼니'로 계산하여 만들되, 유기농 치킨스톡은 70% 정도로 줄여 요리해요.
1~2일 내 먹을 것은 냄비째 데워 그때그때 덜어 먹고, 이후에 먹을 것은 소분해 냉장 혹은 냉동 보관해요.

초간단초계냉면

아침 / 저녁 / 비가열

무더운 여름날이면 냉면이 자꾸 당기는데, 냉면은 탄수화물 함량이 높아 다이어트 중에 먹자니
조금 걱정스럽기도 해요. 그래서 면 대신 라이트누들로 탄수화물을 줄이고,
시원하고 아삭한 오이를 듬뿍 넣어 포만감을 채운 다이어트 냉면을 만들어 먹어요.
닭가슴살을 듬뿍 찢어 올려 단백질을 보완하니, 이만하면 여름 영양식이 따로 없죠?

INGREDIENTS

- ○ 라이트누들 1봉(150g)
- ○ 완조리닭가슴살 100g
- ○ 삶은 달걀(반숙란) 1개
- ○ 오이 2/3개
- ○ 쌈무 5장
- ○ 시판 냉면육수 1/2봉(150ml)
- ○ 통깨 약간
- ○ 연겨자 약간
- ○ 얼음 7개

1 오이는 채 썰고, 쌈무는 한입
크기로 썰고, 닭가슴살은 손으로
찢고, 삶은 달걀은 2등분한다.

2 누들은 찬물로 헹구고 물기를 빼
가위로 한 번만 자르고, 그릇에
담아 오이 2/3 분량을 올린다.

> 냉면육수는 냉장실이나 냉동실에 넣어
> 시원하게 준비해요. 남은 냉면육수는
> 양배추김치말이국수(77쪽)에 활용해요.

3 닭가슴살, 쌈무, 남은 오이를
올리고 냉면육수를 붓는다.

> 취향에 따라
> 식초를 추가해요.

4 통깨를 손바닥으로 으깨어 뿌리고,
얼음, 삶은 달걀을 올려 취향에
따라 겨자를 섞어 먹는다.

통밀핫도그

아침 / 저녁 \ 밀프렙 / 에어프라이어

오리지널 핫도그는 밀가루 덩어리를 기름에 튀기고 설탕을 듬뿍 묻힌 음식이라

맛있는 걸 알면서도 선뜻 먹을 수 없는 메뉴예요. 하지만 재료와 조리법을 건강하게 바꾼다면 말이 달라지죠.

달걀물을 묻힌 통밀식빵에 치즈, 소시지를 돌돌 말아 구우면 끝!

튀기지 않고 구워서 조리 과정도 간편해졌어요. 재료는 건강하지만 놀랄 만한 맛을 가진 핫도그를 맛보세요.

INGREDIENTS [2회 분량]

○ 통밀식빵 2장
○ 달걀 1개
○ 닭가슴살소시지(스틱형) 2개
○ 슬라이스치즈 2장
○ 스리라차소스 1/2큰술
○ 올리브유 1/3큰술

남은 식빵 가장자리는 통밀자투리러스크(284쪽)에 활용해요.

1 식빵은 가장자리를 제거하고 밀대나 병으로 평평하게 민다.

2 그릇에 달걀을 잘 풀고 식빵을 담가 앞뒤로 달걀물을 적신다.

냉동소시지는 해동해서 사용해요.

3 식빵 위에 치즈, 소시지를 올려 돌돌 만다.

4 망에 종이포일을 깔고 핫도그를 올려 올리브유를 바르고, 에어프라이어 170℃에서 5분, 뒤집어서 5분간 굽는다.

밀프렙 팁

'모든 재료 1회 분량×n끼니'로 계산하여 만들되, 달걀물은 우선 1개만 만들어 빵을 적시고 모자라면 추가해요. 에어프라이어에 구워 1~2일 내 먹을 것은 냉장 보관해서 에어프라이어에 3분간 데워 먹고, 이후에 먹을 것은 냉동 보관해요.

5 스리라차소스를 뿌린다.

매운유부김치죽

아침 / 점심 \ 저녁 / 전자레인지

날씨가 갑자기 쌀쌀해지거나 칼칼한 음식이 당기는 날에는 얼른 집에 들어가서
매운유부김치죽을 끓여보세요. 이름 그대로 모든 재료를 넣어서 끓이기만 하면 만들어지는
죽 요리라서 조리법도 간단하고 조리 시간도 짧아요. 호호 불어서 한 숟가락씩
떠먹다 보면 몸속까지 따뜻해지는 온기에 마음도 기분도 훈훈해져요.

INGREDIENTS

- ○ 퀵오트밀 3큰술(20g)
- ○ 냉동유부슬라이스 1줌(40g)
- ○ 달걀 1개
- ○ 김치 40g(1줄기)
- ○ 양배추 105g
- ○ 김밥김 1장
- ○ 고춧가루 1/3큰술
  (혹은 청양고춧가루)
- ○ 간장 1/2큰술
- ○ 스리라차소스 1큰술
- ○ 물 1컵
- ○ 들기름 1큰술

1 김치, 양배추는 잘게 썰고, 김은
손으로 잘게 찢는다.

2 내열용기에 오트밀, 유부, 달걀,
김치, 양배추, 고춧가루, 간장,
스리라차소스, 물을 넣고 잘
섞는다.

3 전자레인지에 2분 30초간
가열해 잘 섞고, 다시 2분 30초간
가열한다.

4 들기름을 뿌리고 김을 올린다.

김치참치들기름파스타

아침 / 점심 / 저녁 / 원팬

김치에 참치를 넣고 달달 볶아 먹는 상상을 하면 곧바로 입안에 군침이 돌아요.

그뿐만 아니라 식이섬유와 단백질이 풍부해 다이어트 중 먹기에도 꽤 괜찮은 조합이죠.

그래서 건강한 탄수화물인 통밀파스타와 지방을 연소하는 키토산이 함유된 팽이버섯을 면처럼 가득 넣었더니

그 누구도 거부할 수 없는 매콤하고 고소하고 쫄깃한 대박 파스타가 탄생했어요.

INGREDIENTS

- ○ 통밀스파게티 40g
- ○ 참치통조림 1개(100g)
- ○ 팽이버섯 1개(140g)
- ○ 마늘 8개(25g)
- ○ 김치 50g(1줄기)
- ○ 물 2컵
- ○ 들기름 1큰술
- ○ 통깨 약간
- ○ 올리브유 1큰술

1 버섯은 밑동을 제거해 손으로 찢고, 마늘은 편 썰고, 김치는 잘게 썬다.

2 참치는 숟가락으로 눌러 기름을 뺀다.

3 달군 팬에 올리브유를 두르고, 마늘, 김치를 중불에서 볶는다.

스파게티를 따로 삶을 필요 없이 건면 그대로 넣어 익혀요.

4 마늘이 노릇해지면 물, 스파게티를 넣고 강불에서 살살 저어가며 7분간 끓인다.

들기름은 발연점이 낮아 가열 시간이 길어지면 발암물질이 생성되니 요리 완성 후 불을 끄고 마지막에 넣어 섞어요.

5 참치, 버섯을 넣고 중불에서 끓이다가 물이 졸아들면 불을 끄고 들기름, 통깨를 뿌린다.

문어토마토크림오픈토스트

아침 / 점심

#문토크토스트

문어와 그릭요거트, 토마토소스라니, 상상하기 어려운 맛이죠?
하지만 먹어보면 생각이 달라질 거예요. 쫄깃쫄깃한 문어에 더해진
상큼하고 신선한 요거트, 토마토소스의 맛이 기대 이상으로 훌륭하거든요.
다채로운 맛과 식감, 먹음직스러운 비주얼 덕분에 홈파티 메뉴로도 추천해요.

INGREDIENTS

- 통밀식빵 1장
- 자숙문어슬라이스 100g
  (혹은 데친 오징어슬라이스)
- 양파 1/6개(30g)
- 블랙올리브 3개
- 홀그레인머스터드 1/3큰술
- 그릭요거트 60g
- 토마토소스 2큰술
- 올리브유 1/2큰술
- 후춧가루 약간
- 훈제파프리카가루 약간(선택)
- 파슬리가루 약간

1 양파는 얇게 채 썰고, 올리브는
잘게 다진다.

2 마른 팬에 식빵을 앞뒤로 노릇하게
굽는다.

3 식빵에 머스터드를 펴 바르고,
채 썬 양파를 펼쳐 올린다.

4 문어를 촘촘하게 올리고 요거트,
토마토소스를 번갈아가며 얹는다.

문어는 지방이 거의 없는 고단백
식품이라 감량 중에 먹기 좋아요.
문어를 삶아서 얇게 썬 제품은
대형마트나 온라인숍에서 구입할
수 있어요. 문어 대신 오징어를
사용해도 좋아요.

5 올리브유를 골고루 뿌리고
올리브, 후춧가루, 파프리카가루,
파슬리가루를 뿌린다.

양배추김치말이국수

아침 / 저녁 | 비가열

다이어트할 때는 맵고 느끼한 음식도 당기지만 개운하고 상큼한 음식도 생각날 때가 많아요.
그럴 때는 양배추김치말이국수를 만들어봐요. 소면을 면두부와 양배추로 바꾸고
김치와 냉면육수로 맛을 내면 한 입 먹는 순간, 깔끔하고 개운한 맛에
온몸에 만족감이 퍼져요. 다이어트 김치말이국수는 다 먹어도 다음날 붓지 않아 더 좋아요.

INGREDIENTS

- ○ 면두부 1팩(100g)
- ○ 양배추 80g
- ○ 김치 40g(1줄기)
- ○ 김밥김 1장
- ○ 시판 냉면육수 1/2봉
   (160ml/얼려서 준비)
- ○ 통깨 1/3큰술
- ○ 들기름 1큰술

1 면두부는 헹궈 물기를 뺀다.

2 양배추는 채 썰고, 김치는 속을
   털어내 잘게 썰고, 김은 잘게
   찢는다.

3 면두부, 양배추를 섞어 그릇에 담고
   김치를 올린다.

꽝꽝 언 육수는 30분 전에
실온에 꺼내두거나 따뜻한 물에
5분간 담갔다가 사용해요.

4 얼린 냉면육수를 손으로 비벼가며
   살얼음처럼 풀고 재료에 붓는다.

남은 냉면육수는
초간단초계냉면(66쪽)에
활용해요.

5 김을 올리고, 통깨를 손으로
   으깨어가며 뿌린 다음, 들기름을
   넣어 섞어 먹는다.

투움바리소토

컵누들 분말수프 절반만 있으면 투움바리소토를 다이어트식으로 간편하게 만들 수 있어요.

탱글탱글한 새우, 쫀득하고 부드러운 오트밀, 매운맛을 내는 채소를 넣어

부드러운 우유 크림을 만드는데, 이 모든 것이 전자레인지로 가능해요.

다른 양념 필요 없이 분말수프 하나로 맛을 내지만, 맛은 여느 리소토가 부럽지 않을 거예요.

INGREDIENTS

○ 냉동새우 5마리(100g)

○ 양파 1/4개(50g)

○ 청양고추 1개

○ 오트밀 4큰술(25g)

○ 고춧가루 1/4큰술
　(혹은 청양고춧가루)

○ 다진 마늘 1/2큰술

○ 컵누들 분말수프 1/2개

○ 우유 1컵

○ 슈레드치즈 1/2큰술
　(혹은 피자치즈)

○ 파슬리가루 약간

1 새우는 흐르는 물에 헹궈 따뜻한
　물에 담가두고, 양파는 잘게 썰고,
　고추는 어슷 썬다.

동남아냉누들(80쪽)에 사용하고 남은
분말수프 1/2개를 사용하면 좋아요.

2 내열용기에 오트밀, 양파, 고추,
　새우를 넣고 고춧가루, 다진 마늘,
　분말수프, 우유를 넣어 잘 섞는다.

3 전자레인지로 2분 30초간 가열해
　잘 섞고, 새우가 익을 때까지 다시
　2분 30초간 가열한다.

4 슈레드치즈, 파슬리가루를 뿌린다.

동남아냉누들

아침 / 점심 / 저녁 / 비가열

다이어트 중에 컵라면이 먹고 싶을 때는 저칼로리 컵누들을 선택하지만,
맛있는 대신 과다한 나트륨이 아쉽기도 해요. 한 번에 많이 사서 가끔 집에 쌓여 있을 때도 있고요.
그래서 저는 분말수프를 절반만 쓰고 다양한 향신채소, 참치와 반숙달걀을 넣어
든든한 여름 별미를 만들어요. 컵누들이 고급 면 요리가 되는 마법, 어렵지 않아요.

INGREDIENTS

- 컵누들 1개(분말수프 1/2개
  +건더기수프 1개)
- 청양고추 1개
- 오이 1/3개(50g)
- 고수 3줄기(10g/선택)
- 삶은 달걀(반숙란) 1개
- 참치통조림 1개(100g)
- 다진 마늘 1/2큰술
- 무가당땅콩버터 1/2큰술
- 끓는 물 적당량
- 차가운 생수 2/3컵(130ml)
- 얼음 적당량

1 고추는 어슷 썰고, 오이는 채 썰고,
고수는 잘게 썰고, 삶은 달걀은
2등분한다.

2 참치는 숟가락으로 눌러 기름을
뺀다.

3 내열용기에 컵누들 속 당면, 당면이
잠길 분량의 끓는 물을 넣고,
뚜껑을 덮어 5분간 충분히 불린다.

남은 분말수프는 남겨뒀다
투움바리소토(78쪽)에 활용해요.
토핑용 고수를 약간만 남겨둬요.

4 컵누들 용기에 분말수프 1/2개,
건더기수프 1개, 고추, 고수, 다진
마늘, 땅콩버터를 넣고 끓는 물을
용기의 1/3 높이까지 붓는다.

5 불린 당면은 찬물에 헹궈 물기를
빼 그릇에 담고, 참치, 오이를 돌려
담는다.

6 ④의 수프 국물에 차가운 생수를
용기 표시선보다 살짝 위로 오게
부은 다음, 잘 섞어 ⑤에 붓는다.

7 얼음, 토핑용 고수, 달걀을 올린다.

오버나이트프로틴뮤즐리

아침 / 점심 / 밀프렙 / 비가열

#오나뮤

건강한 식사에 관심이 많다면 '오나오'라 불리는 '오버나이트오트밀'을 먹어봤을 거예요.
오나오보다 더 맛있고 더 건강한 버전이 바로 오버나이트프로틴뮤즐리, '오나뮤'예요.
오트밀 대신 통곡물, 견과류, 건과일이 들어간 뮤즐리를 사용해 다양한 맛과 식감이 좋고,
프로틴가루를 첨가해 단백질까지 채워줘요. 바쁜 와중에도 오나뮤로 건강한 한 끼를 챙겨보세요.

INGREDIENTS

○ 무가당요거트 120ml

○ 프로틴가루 3큰술(30g)

○ 무설탕딸기잼 1큰술(270쪽 참고/

　혹은 시판 무설탕딸기잼)

○ 딸기 4개

○ 블루베리 1줌(30g)

○ 뮤즐리 30g

○ 아몬드 1/2줌

1 딸기는 작은 한입 크기로 썰고, 블루베리는 씻어 물기를 제거한다.

2 밀폐용기에 뮤즐리-요거트-프로틴가루-딸기잼-블루베리-아몬드-딸기순으로 켜켜이 채운다.

3 전날 밤에 만들어 냉장 보관하고 다음 날 잘 섞어가며 먹는다.

밀프렙 팁

비슷한 크기의 밀폐용기가 여러 개 있을 때는 2~3회 분량을 한꺼번에 만들어둬요. 신선하게 냉장 보관해서 2~3일 내 먹어요.

프리타타파이

아침 / 점심 / 간식 / 밀프렙 / 전자레인지

이탈리아식 달걀찜 혹은 달걀파이라고 할 수 있는 프리타타는
냉장고 속 채소와 달걀로 만들 수 있는 초간단 건강식이에요.
저는 식이섬유가 풍부한 통밀과자를 파이지로 활용해서 '탄단지'를 고루 섭취할 수 있는
업그레이드 프리타타파이를 만들었어요. 맛도 모양도 식감도 충분히 만족할 거예요.

INGREDIENTS 2~3회 분량

- 통밀과자 12개(58g)
- 달걀 4개
- 브로콜리 88g
- 양파 1/4개(52g)
- 선드라이드토마토 12개(35g)
  (혹은 240쪽 에어프라이어토마토)
- 귀리우유 2/3컵
  (혹은 우유, 무가당두유)
- 바질페스토 1½큰술
- 피자치즈 40g
- 파슬리가루 약간
- 스리라차소스 1/2큰술

1 얕은 접시에 통밀과자를 올리고
우유를 부어 5분간 불린다.

선드라이드토마토는
오일에서 건져 그대로 사용해요.

2 브로콜리는 작은 한입 크기로 썰고,
양파는 굵게 다지고, 달걀은 잘 푼다.

3 내열용기에 불린 통밀과자를 올려
용기의 바닥, 사방 옆면이 모두
채워지도록 촘촘히 담는다.

4 통밀과자 위에 바질페스토를 발라
피자치즈 20g을 뿌리고, 브로콜리,
양파, 선드라이드토마토를 섞어
올린다.

밀프렙 팁

식사로 먹을 땐 2회, 간식으로
먹을 땐 3~4회 이상 먹을 수
있는 넉넉한 양이에요. 재료의
양을 늘리고, 내열용기 여러 개에
나누어 한꺼번에 구워두면
바쁠 때 식사 대용으로 먹을 수
있어 편리해요. 2~3일 내 먹을
것은 냉장실에, 이후에 먹을 것은
냉동 보관 후 데워 먹어요.

5 달걀물, 과자를 불린 우유를 섞어
골고루 붓고, 남은 피자치즈 20g을
뿌린다.

6 전자레인지에 3분 30초+3분
30초간 가열하고 파슬리가루,
스리라차소스를 뿌려 식사 2회,
혹은 간식 3회로 나눠 먹는다.

part 3

반찬이 필요 없는 한 그릇
비빔밥 & 볶음밥

디디미니의 다양한 밥 요리로 감량에 성공한 분들, 많으시죠?

다른 반찬 필요 없이 재료를 비비거나 볶으면 완성되니

간편해서 더 자주 해 먹게 되는 효자 메뉴예요. 물론 맛은 두말할

필요도 없죠! 밥이 탄수화물이라서 멀리하는 분도 있는데,

건강한 밥 요리는 몸에 좋은 탄수화물과 단백질, 지방을 적절하게

섭취할 수 있게 해줘요. '한 번도 안 해 본 사람은 있어도

한 번만 해 본 사람은 없는 궁극의 레시피'로 요요 없이 다이어트해요.

마라낫토비빔밥

아침 / 점심

155쪽 마라소스 활용

오래 기다리셨죠? 드디어 다이어트 중에도 먹을 수 있는 마라 요리가 탄생했습니다!
매콤하고 얼얼한 마라탕과 마라샹궈를 좋아하는 분이 많을 텐데요,
나트륨을 낮춰 만든 디디미니표 마라소스로 먹어도 살 빠지는 마라비빔밥을 만들어보세요.
마라맛 욕구를 충족시키는 또 다른 마라 요리가 궁금하다면 154쪽 마라비빔면을 참고하세요!

INGREDIENTS

- 잡곡밥 120g
- 낫토 1팩
- 완조리닭가슴살큐브(매운맛) 100g
- 고수 16g(1뿌리/혹은 깻잎)
- 양파 40g(1/4개)
- 숙주 1줌(50g)
- 마라소스 1큰술(155쪽 참고)
- 들기름 1큰술

1 닭가슴살, 고수는 작은 한입 크기로 썰고, 양파는 굵게 다진다.

2 끓는 물에 숙주를 30초간 데쳐 물기를 빼고, 낫토는 잘 휘젓는다.

3 그릇에 밥을 담고 닭가슴살, 고수, 양파, 숙주, 낫토를 올린다.

4 마라소스를 넣고 들기름을 뿌려 비벼 먹는다.

피자맛비빔밥

아침 / 점심 / 지녁 / 밀프렙

피자 토핑에 즐겨 사용되는 채소와 지방이 적고 단백질 함량이 높은
닭가슴살소시지를 넣은 퓨전 비빔밥으로 토마토소스와 치즈 덕분에 피자맛이 나요.
밥과 피자 두 가지 음식에 대한 욕구를 채워 주고 맛도 영양도 좋아 자주 만들어 먹게 돼요.
재료를 볶는 냄새가 식욕을 자극하니 넉넉히 만들어 가족과 함께 먹어요.

INGREDIENTS

- ○ 잡곡밥 100g
- ○ 닭가슴살소시지 1봉(120g)
- ○ 피망 1/2개(47g)
- ○ 양파 1/4개(47g)
- ○ 방울토마토 5개
- ○ 블랙올리브 3개
- ○ 다진 마늘 1/2큰술
- ○ 토마토소스 1큰술
- ○ 파르메산치즈가루 1/2큰술
- ○ 파슬리가루 약간
- ○ 올리브유 1/2큰술

1 피망, 양파, 토마토는 작은 한입
크기로 썰고, 올리브, 소시지는
동그란 모양을 살려 썬다.

양파가 익을 때까지 볶아요

2 달군 팬에 올리브유를 두르고
손질한 ①의 재료, 다진 마늘,
토마토소스를 넣어 중불에서
3분간 볶는다.

3 그릇에 밥, 볶은 재료를 올리고
치즈가루, 파슬리가루를 뿌려 비벼
먹는다.

밀프렙 팁

밥을 제외한 재료를 볶아서 비벼
먹는 레시피라 밀프렙 메뉴로
추천해요.
'모든 재료 1회 분량×n끼니'로
계산하여 만들되, 토마토소스는
70%, 올리브유는 50% 분량만
사용해도 충분해요. 크고 깊은
냄비에 볶아 소분하고,
2~3일 내 먹을 것은 냉장실에,
이후에 먹을 것은 냉동실에
보관해요. 그때그때 잡곡밥을
더해 비벼 먹어요.

달래오리비빔밥

아침 / 점심 \ 저녁

비타민과 무기질, 그중에서도 칼슘, 칼륨, 철분 등이 풍부한 달래는
봄 제철 채소로 봄에 먹으면 보약이 따로 없어요. 톡 쏘는 매콤한 향이 좋은 달래로
감칠맛 나는 달래장을 만들고, 고소한 오리고기와 아삭아삭한 양배추채를
듬뿍 넣어 비벼 먹으면 먹을수록 칭찬하게 되는 완벽한 한 끼가 완성됩니다.

INGREDIENTS

○ 잡곡밥 120g
○ 생오리가슴살 130g
○ 양배추채 100g(2줌)

달래장

○ 달래 40g(1/2줌)
○ 간장 1큰술
○ 피시소스 1/2큰술
○ 들기름 1큰술

달래가 안 나오는 계절엔 '실부추 7 : 다진 마늘 3'으로 대신해요.

1 달래는 다듬어 작은 한입 크기로 썰고, 양배추채는 씻어 물기를 뺀다.

2 달래장 재료를 잘 섞는다.

3 마른 팬에 오리가슴살을 앞뒤로 노릇하게 굽고, 가위로 한입 크기로 자른다.

4 그릇에 밥을 담고 양배추, 오리가슴살을 올려 달래장을 얹어 비벼 먹는다.

밀프렙 팁

달래를 넉넉하게 다듬어서
달래장만 미리 밀프렙해두면
훨씬 빠르게 만들 수 있어요.
'달래, 간장, 피시소스×n끼니'로
섞어 달래장을 만들고, 들기름은
그때그때 뿌려서 비벼 먹어요.
냉장 보관해서 4~5일 내 먹어요.

부리토볼

멕시코 요리 부리토를 한국인 입맛에 맞게 살짝 변형해서 만든 초간단 부리토볼을 소개해요.
사워크림 대신 꾸덕꾸덕한 그릭요거트를 올려 건강하게 만들었지만,
맛은 멕시코 사람이 먹어도 놀랄 만큼 맛있어요. 새우에 훈제파프리카를 뿌려서 구워
이국적인 훈제향이 가득하고, 밥과 재료가 넉넉히 들어가 기분 좋게 배불러요.

INGREDIENTS

- ○ 현미밥 120g
- ○ 냉동새우 6마리(100g)
- ○ 양파 1/5개(39g)
- ○ 고수 11g(2뿌리)
- ○ 방울토마토 6개
- ○ 아보카도 1/2개
- ○ 훈제파프리카가루 1/3큰술+약간
- ○ 토마토소스 1큰술
- ○ 그릭요거트 1큰술(28g)
- ○ 레몬 1/5개
- ○ 올리브유 1/2큰술

1 냉동새우는 헹궈서 따뜻한 물에
  담가 해동해 물기를 제거한다.

2 양파, 고수, 토마토, 아보카도는
  작은 한입 크기로 썬다.

3 달군 팬에 올리브유를 두르고
  새우를 굽다가 거의 익으면
  파프리카가루 1/3큰술을 뿌려
  타지 않게 재빨리 굽는다.

4 그릇에 밥을 담고 양파, 고수,
  토마토, 아보카도, 새우를 둘러
  담는다.

냉동새우 고르는 법
저는 고단백 저탄수화물 메뉴에
새우를 메인 단백질 재료로
사용할 때는 큼직해서 식감이
좋은 냉동새우를 사용해요.
볶음밥같이 한입에 먹거나 식감을
곁들이는 정도의 요리라면 작은
크기의 칵테일새우도 괜찮아요.
새우의 크기는 제각각이니
레시피의 새우 개수보다는
무게에 맞춰 사용해요.

> 레몬즙을 뿌려서
> 비벼 먹어요.

5 토마토소스, 요거트를 올리고
  파프리카가루를 뿌려 레몬을
  얹는다.

토마토고추장비빔밥

고추장은 나트륨과 당질이 높아 다이어트 중에는 피하거나 양을 조절해 먹어야 해요.

그래서 칼륨이 풍부한 토마토를 함께 먹으면 나트륨의 배출을 도와

조금은 걱정을 덜 수 있어요. 밥과 토마토, 고추장의 조합이 낯설겠지만

맛은 기대 이상이랍니다. 고추장이 떨어졌다면 시판 저당고추장을 구매하는 것도 추천해요.

INGREDIENTS

- 잡곡밥 120g
- 대추방울토마토 7개
- 오이고추 3개
- 양파 1/5개(45g)
- 김밥김 2장
- 달걀 2개
- 저당고추장 2/3큰술
  (혹은 고추장 1/2큰술)
- 들기름 1큰술
- 통깨 약간
- 올리브유 1/3큰술

1 토마토, 고추는 작은 한입 크기로 썰고, 양파는 굵게 다지고, 김은 잘게 찢는다.

2 달군 팬에 올리브유를 두르고 달걀프라이 2개를 만든다.

3 그릇에 밥을 담고 토마토, 고추, 양파, 김을 둘러 담아 달걀프라이 2개를 가운데에 올린다.

4 고추장, 들기름, 통깨를 뿌리고 비벼 먹는다.

저당고추장

일반 고추장은 나트륨과 당질이 높아 다이어트 중에는 피하거나 양 조절이 필수예요. 저당고추장은 국산 고춧가루에 알룰로스 등 저칼로리 당류를 배합하고, 찹쌀이나 밀가루 대신 메줏가루 등을 사용한 제품으로, 감량 시에 활용하면 살찔 부담이 적어요. 저당고추장이 없다면 일반 고추장의 양을 줄여 사용해요.

비트생채비빔밥

아침 / 점심 \ 저녁

228쪽 닭가슴살볶음고추장 활용
234쪽 비트무생채 활용

아삭아삭한 무생채에 달걀프라이와 고추장을 넣어 야무지게 비빈 비빔밥.

과연 싫어하는 사람이 있을까요? 생각만 해도 맛있는 조합의 끼니를

직접 만든 닭가슴살볶음고추장, 비트와 무를 넣어 만든 비트무생채로 바꿔

다이어트식으로 만들어봐요. 건강한 메뉴인데도 정말 맛있어서 매일 이것만 먹고 싶을걸요?

INGREDIENTS

○ 잡곡밥 120g

○ 비트무생채 60g(234쪽 참고)

○ 닭가슴살볶음고추장 2큰술
　　(228쪽 참고/혹은 저당고추장
　　2/3큰술, 고추장 1/3큰술)

○ 당근 1/4개(55g)

○ 달걀 1개

○ 통깨 약간

○ 들기름 1큰술

○ 올리브유 1/2큰술

1 당근은 채 썬다.

2 달군 팬에 올리브유를 두르고
　 달걀프라이를 만들어 덜어둔다.

3 같은 팬에 당근을 넣어 살짝
　 볶는다.

4 그릇에 밥, 비트무생채, 당근,
　 달걀프라이, 고추장을 담고
　 통깨, 들기름을 뿌려 비벼 먹는다.

닭가슴살청양버터밥

아침 / 점심 \ 저녁 \ 비가열

느끼하면서도 매콤함이 '탁' 치고 올라오는 맛이 그리울 때는
닭가슴살청양버터밥이 딱 맞아요. 청양고추와 양파의 맵싸한 맛에
무염버터의 고소한 풍미가 어우러져 마지막 한 숟가락까지 소중한, 정말 맛있는
한 끼를 선사할 거예요. 생양파의 향이 걱정된다면 찬물에 담갔다 사용해요.

INGREDIENTS

- ○ 잡곡밥 120g
- ○ 완조리닭가슴살 100g
- ○ 청양고추 2개
- ○ 양파 1/4개(52g)
- ○ 무염버터 10g

소스

- ○ 무가당땅콩버터 1/3큰술
- ○ 간장 1큰술
- ○ 알룰로스 1/2큰술
  (혹은 올리고당 1/2큰술)
- ○ 식초 1큰술

1 양파의 1/2 분량은 채 썰고,
나머지 양파, 고추는 잘게 다지고,
닭가슴살은 손으로 찢는다.

2 소스 재료, 다진 양파, 고추를
잘 섞어 청양소스를 만든다.

3 그릇에 밥을 담고 채 썬 양파,
닭가슴살을 올린다.

4 청양소스를 붓고 버터를 올려
먹기 전에 잘 비빈다.

스크램블드에그날치알비빔밥

아침 / 점심 \ 저녁

보드라운 스크램블드에그와 톡톡 터지는 날치알, 아삭아삭 수분감 가득하게 씹히는 채소,
새콤달콤 씹는 재미가 있는 단무지, 향긋하고 고소한 김과 들기름까지 다양한 식감과 맛의 조화 덕분에
입안이 즐거워지는 한 그릇이에요. 식물성마요네즈를 넣고 비벼서 부드럽고 향긋하게 즐길 수 있어요.

INGREDIENTS

- ○ 잡곡밥 120g
- ○ 달걀 2개
- ○ 날치알 1/2큰술
- ○ 오이 1/2개(80g)
- ○ 대파 13cm(15g)
- ○ 단무지 2줄(28g)
- ○ 김밥김 1장
- ○ 식물성마요네즈 1큰술
- ○ 들기름 1큰술
- ○ 통깨 1/3큰술
- ○ 올리브유 1/2큰술

김은 손으로 잘게 찢어요.

1 오이는 씨를 제거해 작게 썰고,
대파는 얇게 송송 썰고, 단무지는
작게 썬다.

2 달걀은 잘 풀고, 약불로 달군
팬에 올리브유를 두르고
달걀물을 부은 다음, 휘저어가며
스크램블드에그를 만든다.

3 그릇에 밥을 담고, 오이, 대파, 김,
단무지를 둘러 담는다.

5 가운데에 스크램블드에그,
날치알을 올리고 마요네즈, 들기름,
통깨를 뿌려 비벼 먹는다.

눌은볶음밥

아침 / 점심 / 저녁 / 원팬

곱창이나 닭갈비, 고기를 먹을 때면 메인 요리 후에 먹는 볶음밥은 필수잖아요?
고기도 먹고, 철판에 살짝 눌린 바삭한 볶음밥도 먹어야 하니 과식하기 딱 좋죠.
이제 외식할 때 말고도 집에서 더 건강한 재료를 가지고
팬에 눌러가며 바삭하게 눌어붙은 볶음밥을 만들어봐요. 팬 바닥을 긁어먹는 재미는 덤이랍니다.

INGREDIENTS

- ○ 잡곡밥 120g
- ○ 참치통조림 1개(100g)
- ○ 양파 1/4개(60g)
- ○ 깻잎 10장
- ○ 김밥김 2장
- ○ 후춧가루 약간
- ○ 들기름 1/2큰술
- ○ 통깨 약간
- ○ 올리브유 1/2큰술

소스

- ○ 고춧가루 1/3큰술
  (혹은 청양고춧가루)
- ○ 통깨 1/2큰술
- ○ 다진 마늘 1/2큰술
- ○ 알룰로스 1/2큰술
  (혹은 올리고당 1/3큰술)
- ○ 굴소스 1/3큰술
- ○ 저당고추장 1/2큰술
  (혹은 고추장 1/2큰술)
- ○ 물 2큰술

1 양파, 깻잎은 작은 한입 크기로 썰고, 참치는 숟가락으로 눌러 기름을 뺀다.

2 소스 재료는 잘 섞는다.

3 달군 팬에 올리브유를 두르고 중불에서 양파, 참치를 볶다가 양파가 반투명해지면 밥을 넣어 밥알을 풀어가며 볶는다.

토핑용 깻잎을 약간만 남겨둬요.

4 소스를 뿌리고 섞어가며 볶다가 깻잎을 넣고 김을 손으로 찢어 넣어 골고루 볶는다.

5 약불로 줄이고 후춧가루, 들기름을 뿌려 볶다가 밥을 팬에 눌러 납작하게 만든 다음, 3분간 그대로 두어 밥을 눌어붙게 만든다.

6 불을 끄고 통깨, 토핑용 깻잎을 올려 팬째 먹는다.

오리머스터드비빔밥

쫄깃한 식감에 훈제향이 식욕을 자극하는 훈제오리는

훌륭한 단백질 식재료라서 자주 활용해요. 물론 비빔밥에도 예외일 순 없죠.

훈제오리와 오리고기에 잘 어울리는 머스터드, 향이 다양한 채소를 듬뿍 넣어 비비면

색다르고 맛있는 비빔밥이 완성돼요. 훈제오리가 알알이 씹히길 원하면 고기를 잘게 썰어 넣어요.

INGREDIENTS

○ 잡곡밥 100g

○ 훈제오리 130g

○ 고수 8g(1뿌리/혹은 깻잎)

○ 양파 1/4개(40g)

○ 다진 마늘 1/3큰술

○ 홀그레인머스터드 1/2큰술

○ 들기름 1큰술

1 고수는 한입 크기로 썰고, 양파는
작은 한입 크기로 썬다.

훈제오리를 체에 밭쳐 끓는 물을
부어 데쳐도 좋아요.

2 끓는 물에 훈제오리를 넣고
30초간 데쳐 물기를 빼고 한입
크기로 썬다.

3 그릇에 밥을 담고, 고수, 양파, 다진
마늘, 훈제오리를 둘러 담는다.

4 머스터드를 얹고 들기름을 뿌려
비벼 먹는다.

트러플비빔밥

다이어트할 때 흔히 먹는 식재료로 만든 비빔밥이라도
트러플오일을 곁들이면 갑자기 근사하고 고급스러운 맛의 요리가 돼요.
참기름이나 들기름도 좋지만 트러플오일이 가진 특유의 향과 깊은 풍미가
평범한 비빔밥을 특별하게 만들어주죠. 리소토, 퓨전 한식 등에 트러플오일을 활용해보세요.

INGREDIENTS

○ 잡곡밥 110g
○ 양배추 100g
○ 아보카도 1/2개
○ 양파 1/5개(50g)
○ 김밥김 1장
○ 검은콩낫토 1팩
○ 달걀 1개
○ 간장 1큰술
○ 트러플오일 1½큰술
○ 올리브유 1/3큰술

1 양배추는 채 썰고 씻어 체에 밭쳐
  물기를 뺀다.

씨가 붙은 쪽 아보카도에는
오일을 발라 공기가 닿지 않게
랩으로 감싸 냉장 보관해요.

2 아보카도는 껍질을 벗겨 얇게 썰고,
  양파는 굵게 다지고, 김은 잘게
  찢고, 낫토는 잘 휘저어 섞는다.

3 달군 팬에 올리브유를 두르고
  달걀프라이를 만든다.

4 그릇에 밥을 담아 양배추, 양파,
  아보카도, 김, 낫토, 달걀프라이를
  둘러 담고, 간장, 트러플오일을
  뿌려 비벼 먹는다.

할라페뇨마늘볶음밥

아침 / 점심 / 저녁 / 밀프렙

서양과 동양의 맛을 넘나드는 매콤함이 중독적인 할라페뇨마늘볶음밥이에요.

맵싸한 맛을 은은하게 내뿜는 할라페뇨와 피망, 알싸한 다진 마늘을

듬뿍 넣어 만든 볶음밥은 별다른 양념을 추가하지 않아도 특유의 감칠맛을 내요.

마지막에 굽듯이 녹인 치즈가 매콤한 맛과 상반되게 어우러져 더욱 더 매력적이에요.

INGREDIENTS

- 잡곡밥 100g
- 콜리플라워라이스 2컵(150g)
- 할라페뇨피클 25g
- 피망 1/2개(40g)
- 완조리닭가슴살 125g
- 다진 마늘 1/2큰술
- 후춧가루 약간
- 슈레드치즈 20g(혹은 피자치즈)
- 파슬리가루 약간
- 올리브유 1/2큰술

1 할라페뇨, 피망은 굵게 다지고, 닭가슴살은 작은 한입 크기로 썬다.

2 달군 팬에 올리브유를 두르고 할라페뇨, 피망, 다진 마늘을 중불에서 볶는다.

에어프라이어 대신 전자레인지로 30초간 가열해도 좋아요.

3 밥, 콜리플라워라이스, 닭가슴살을 넣고 골고루 볶다가 불을 끄고 후춧가루를 섞는다.

4 내열용기에 볶음밥을 담고 슈레드치즈를 뿌린 다음, 에어프라이어 180℃에서 5분간 가열해 후춧가루, 파슬리가루를 뿌린다.

밀프렙 팁

'모든 재료 1회 분량×n끼니'로 계산하여 만들되, 올리브유는 50% 분량만 사용해도 충분해요. 처음부터 크고 깊은 냄비에 볶아 소분하고, 슈레드치즈를 뿌려 2~3일 내 먹을 것은 냉장실에, 이후에 먹을 것은 냉동실에 보관해요. 먹기 직전에 가열해 치즈를 노릇하게 녹여 먹어요.

양배추묵참랩

잘 익은 묵은지와 참치통조림은 밥 한 그릇 정도는 금세 비울 수 있는 반찬이에요.

우리는 감량을 위해 김치와 참치에 양배추와 낫토를 듬뿍 넣어 속이 든든한 랩을 만들어요.

살짝 데친 양배추에 참치, 김치, 낫토로 만든 비빔밥을 가득 넣어 돌돌 말아내면

도시락으로도 제격인 영양 만점 한식 느낌 스낵랩이 된답니다. 손으로 들고 먹을 수 있어서 간편해요.

INGREDIENTS

○ 잡곡밥 110g
○ 양배추 150g
○ 참치통조림 1개(100g)
○ 낫토 1팩(99g)
○ 김치(묵은지) 40g(1줄기)
○ 김밥김 1장
○ 다진 마늘 1/2큰술
○ 홀그레인머스터드 1/2큰술

> 내열용기에 양배추, 물 1/2컵을 넣고
> 뚜껑을 닫아 전자레인지로
> 1분 30초간 가열해서 익혀도 좋아요.

1 양배추는 한 겹씩 뜯어 씻고,
끓는 물에 1분간 데쳐 체에 밭쳐
물기를 뺀다.

2 참치는 숟가락으로 눌러 기름을
빼고, 낫토는 잘 섞고, 김치는
씻어서 물기를 짜고 잘게 썬다.

3 그릇에 밥, 참치, 낫토, 김치,
다진 마늘, 머스터드를 넣고 비벼
비빔밥을 만든다.

> 양배추를 김밥김
> 크기보다 크게 펼쳐요.

4 유산지를 마름모꼴로 펼치고,
데친 양배추를 겹쳐가며 넓게 펴
올린다.

5 양배추 위에 김밥김, 비빔밥을 올려
김밥 말듯 돌돌 만다.

6 양배추김밥을 유산지 앞쪽으로
가져와 다시 유산지와 함께 절반
정도 말다가 롤의 좌우를 접어
테이프로 붙이고 나머지를 말아
포장한다.

냉이쌈장볶음밥

아침 / 점심 / 저녁 / 원팬

특유의 향긋함을 가진 냉이는 봄을 대표하는 제철 채소 중 하나예요.

채소 중에서도 단백질 함량이 높은 편에 속하고, 비타민, 칼슘이 풍부해

봄이 되면 꼭 먹으려고 노력하죠. 일반적인 볶음밥이지만 냉이 하나 덕분에

향이 풍부하고 고급스러운 맛으로 완성돼요. 양념에 들어간 쌈장 또한 냉이와 잘 어울려요.

INGREDIENTS

- 잡곡밥 120g
- 냉이 2줌(120g)
- 완조리닭가슴살 125g
- 달걀 1개
- 통깨 약간
- 올리브유 1/2큰술

소스

- 다진 마늘 1큰술
- 쌈장 1/2큰술
- 피시소스 1/2큰술
- 알룰로스 1큰술
  (혹은 올리고당 1/2큰술)
- 들기름 1큰술

1 냉이는 깨끗이 다듬어 먹기 좋게
　썰고, 닭가슴살은 작은 한입 크기로
　썬다.

2 소스 재료는 잘 섞는다.

3 달군 팬에 올리브유를 두르고 냉이,
　닭가슴살을 중불에서 볶다가 밥,
　소스를 넣고 비비듯 볶는다.

4 약불로 줄이고 가운데 홈을 파
　달걀을 깨 올린 다음, 뚜껑을 닫고
　달걀을 반숙으로 익혀 불을 끈다.

냉이 대체 재료
냉이가 없는 계절에는 미나리,
쑥갓, 참나물, 깻잎 등 향이
강한 채소로 대체해도 좋아요.
잎이 얇은 채소일수록 마지막에
넣어서 재빨리 볶아요.

5 통깨를 뿌리고 팬째로 노른자를
　톡 터뜨려 비벼가며 먹는다.

part 4

붓기와 급찐살을 내려주는
급찐급빠 레시피

여러분은 다이어터의 두 가지 유형 중 어디에 속하나요?

주말에 과식 후 오히려 먹은 것 이상으로 절식하는 유형?

혹은 "에라, 모르겠다!" 하며 감량을 잠시 포기하는 스타일?

이젠 단식도 절식도 하지 말고 포기도 하지 말아요. 과식했더라도

며칠간 식단 조절만 잘하면 급하게 찐 살과 붓기가 제자리를

찾거든요. 식단은 가볍지만 포만감이 오래가고 마치 일반식 같은

맛을 가진 급찐급빠 레시피. 알아두면 평생 쓸모 있을 거예요.

다이어트비냉

통통이 시절부터 저의 소울푸드는 냉면이었어요. 감량 중에도 냉면을 포기하기 어려워서
다이어트용으로 자체 개발해야 하는 메뉴 중 하나였죠.
탄수화물에 대한 부담이 없으면서 냉면과 비슷한 라이트누들, 닭가슴살과 오이,
비장의 특제 비빔소스로 완성한 디디미니표 비빔냉면은 정말 맛있고 살도 안 쪄요.

INGREDIENTS

- 라이트누들 1봉(150g)
- 완조리닭가슴살 100g
- 오이 2/3개(105g)
- 쌈무 4장
- 통깨 약간

소스

- 고춧가루 1/2큰술
  (혹은 청양고춧가루)
- 다진 마늘 1큰술
- 간장 2/3큰술
- 알룰로스 2큰술
  (혹은 올리고당 1큰술)
- 식초 2큰술
- 들기름 1½큰술
- 연겨자 1/3큰술
- 저당고추장 1/2큰술
  (혹은 고추장 1/3큰술)

1 오이는 채 썰고, 쌈무는 4등분하고,
닭가슴살은 손으로 찢는다.

2 누들은 헹궈 물기를 빼고 가위로
2~3번 자른다.

토핑용 오이, 쌈무, 닭가슴살을
약간씩만 남겨둬요.

3 큰 볼에 소스 재료를 넣어 잘 섞고,
누들, 오이, 쌈무, 닭가슴살을 넣어
골고루 버무린다.

4 그릇에 비냉을 담고 토핑용 오이,
쌈무, 닭가슴살을 올리고 통깨를
뿌린다.

오리배추찜

저녁에 마음껏 먹어도 부담이 없는 오리배추찜은 정말 기특한 메뉴예요.
쫄깃한 오리고기는 단백질을 충분히 제공하고, 적당히 익어서 단맛을 내는
배추와 숙주는 기분 좋은 포만감을 선사하죠. 맛있는 재료를 더 맛있게 만들어주는
육수소스 덕분에 채소에서 나오는 국물이 더 깊고 풍부해져요. 새콤하고 고소한 소스에 찍어 먹어요.

INGREDIENTS

- ○ 훈제오리 150g
- ○ 알배추 1/2개
  (300g/알배춧잎 12장)
- ○ 숙주 100g
- ○ 쪽파 1대(10g)

육수소스

- ○ 간장 1/2큰술
- ○ 피시소스 1/2큰술
- ○ 물 1/2컵

들깨간장소스

- ○ 들깻가루 2큰술
- ○ 레몬즙 1큰술
- ○ 간장 1큰술
- ○ 알룰로스 1/2큰술
  (혹은 올리고당 1/3큰술)
- ○ 올리브유 1큰술
- ○ 물 2큰술

1 배추는 잎을 낱장으로 뜯어 씻고,
숙주는 헹궈 물기를 뺀다.

2 배춧잎을 한데 모아 4등분하고,
쪽파는 송송 썬다.

3 육수소스 재료, 들깨간장소스
재료를 각각 잘 섞는다.

4 냄비에 숙주 1/2-배추 1/3-
훈제오리 1/2-쪽파 1/2- 숙주 1/2-
배추 1/3- 훈제오리 1/2-배추
1/3 분량순으로 켜켜이 올리고,
육수소스를 뿌린다.

채소를 익혀 먹는 취향에 따라
끓이는 시간을 조절해요.

5 뚜껑을 닫아 중불에서 5~8분간
끓인다.

잡곡밥을 곁들여 아침이나
점심으로 든든히 먹어도 좋아요.

6 남은 쪽파를 뿌리고,
들깨간장소스를 찍어 먹는다.

단호박닭가슴살크림그라탱

아침 / 점심 / 저녁 / 전자레인지

#크림닭호야

갑자기 느끼한 음식을 먹고 싶은 날, 매일 먹던 닭가슴살과 단호박,
채소를 크리미하게 변신시켜 봐요. 재료 조합과 조리법을 조금만 달리하면
칼로리는 가볍게, 맛은 새롭게 완성되어 크림맛에 대한 욕구를 채울 수 있어요.
단호박의 부드러운 질감과 달콤한 맛이 그라탱의 크리미한 맛을 한층 돋보이게 해줘요.

INGREDIENTS

- 단호박 1/6개(122g)
- 완조리닭가슴살 100g
- 양파 1/4개(46g)
- 방울토마토 5개
- 달걀 1개
- 토마토소스 2큰술
- 귀리우유 1/2컵
  (100ml/혹은 우유, 무가당두유)
- 피자치즈 15g
- 크러쉬드레드페퍼 약간
- 파슬리가루 약간

단호박을 내열용기에 담아 물을 1/3컵 붓고 전자레인지로 5분간 가열해도 좋아요.

1 단호박은 4등분해 씨를 제거하고, 찜기에 10분간 쩌 한 김 식힌다.

2 단호박은 세로로 길게 썰고, 닭가슴살, 양파는 작은 한입 크기로 썰고, 토마토는 4등분한다.

3 내열용기에 단호박을 깔고, 닭가슴살, 양파, 토마토를 올린 다음, 토마토소스를 퍼 바른다.

4 우유를 천천히 흘려 붓고, 달걀을 깨 올려 노른자를 터뜨려 섞은 다음, 피자치즈를 뿌린다.

5 전자레인지에 2분 30초+2분 30초간 가열해 레드페퍼, 파슬리가루를 뿌리고 약간씩 섞어 먹는다.

토달두부김밥

탄수화물에 대한 부담 없이 동물성 단백질과 식물성 단백질을
골고루 섭취할 수 있는 토달두부김밥을 소개해요. 밥이 들어가지 않는다고 해서
배고플까 봐 걱정하지 않아도 돼요. 면두부와 달걀지단의 단백질이 배고픔을 허용하지 않거든요.
토마토소스의 감칠맛, 채소의 맵싸함이 살아 있는 맛있는 다이어트 김밥을 만들어봐요.

INGREDIENTS

- ○ 김밥김 1장
- ○ 면두부 1팩(100g)
- ○ 깻잎 8장
- ○ 달걀 2개
- ○ 청양고추 2개
  (혹은 풋고추)
- ○ 쌈무 3장
- ○ 토마토소스 1큰술
- ○ 고춧가루 1/3큰술
  (혹은 청양고춧가루)
- ○ 들기름 1/3큰술
- ○ 올리브유 1/2큰술

1 면두부는 헹궈 물기를 빼고, 깻잎은 씻어 물기를 턴다.

2 달걀은 잘 풀고, 달군 팬에 올리브유를 두르고 달걀물을 부어 지단을 만든 다음, 한 김 식힌다.

3 같은 팬에 면두부, 토마토소스, 고춧가루를 넣고 중불에서 잘 비벼가며 볶아 식힌다.

23쪽 김밥 마는 법을 참고해요.

4 김 위에 지단-깻잎 4장-면두부-고추-쌈무-깻잎 4장순으로 올려 김밥을 만다.

5 김밥 윗부분과 칼에 들기름을 바르고 먹기 좋게 썬다.

디디미니써머샐러드

아침 / 점심 \ 저녁

#디디미니써머샐러드

재료를 칼로 썰고 버무리기만 하면 되는 간단한 샐러드지만

싱그러운 여름의 맛을 느낄 수 있어 추천해요. 여름을 떠올리면 가장 먼저 생각나는 과일인

수박이 샐러드 안에서 적당히 달콤한 과즙을 내뿜으며 시원한 맛을 더해요.

다양한 재료의 다양한 식감과 단짠단짠한 소스가 어우러진 별미를 맛보세요.

INGREDIENTS

○ 단호박 100g

○ 오이 1개(180g)

○ 수박 135g

　(오이보다 약간 적은 양)

○ 고수 1뿌리(7g/혹은 깻잎 3장)

○ 완조리닭가슴살큐브 100g

○ 청양고추 1개

소스

○ 바질페스토 2/3큰술

○ 올리브유 1큰술

○ 허브솔트 약간

○ 후춧가루 약간

단호박을 내열용기에 담아 물을 1/3컵 붓고 전자레인지로 5분간 가열해도 좋아요.

1 단호박은 4등분해 씨를 빼고 찜기에 10분간 쪄 한 김 식힌다.

토핑용 고수를 약간만 남겨둬요.

2 단호박, 오이, 수박, 고수, 닭가슴살은 한입 크기로 썰고, 고추는 잘게 썬다.

3 큰 볼에 소스 재료를 넣어 잘 섞고, 손질한 재료를 모두 넣어 골고루 버무린다.

4 그릇에 담아 토핑용 고수를 올린다.

양배추베이컨웜샐러드

신선하고 차가운 샐러드도 좋지만, 가끔은 속을 따뜻하게 해주는
웜샐러드가 생각나요. 특히 쌀쌀한 가을과 겨울에 추천하는 메뉴죠.
오독오독한 식감이 좋은 미니양배추, 지방이 적은 앞다릿살베이컨, 포슬포슬한 삶은 감자,
하나하나 먹어도 맛있는 재료가 다 모여 있으니 맛은 말하지 않아도 아시겠죠?

INGREDIENTS

○ 미니양배추 6개
  (100g/혹은 양배추)
○ 감자 1개(120g)
○ 앞다릿살베이컨 5장(100g)
○ 마늘 5개(25g)
○ 올리브유 2큰술
○ 유기농 발사믹크림 1/2큰술
○ 파르메산치즈가루 약간

미니양배추 대신 양배추를 써도 되지만, 식감이 조금 심심해지니 참고하세요.

1 미니양배추는 6등분하고, 감자, 베이컨은 굵게 다지고, 마늘은 잘게 다진다.

2 큰 볼에 양배추, 감자, 베이컨, 마늘을 넣고 올리브유를 뿌려 골고루 버무린다.

3 내열용기에 섞은 재료를 담아 에어프라이어 180℃에서 10분간 굽는다.

4 발사믹크림, 치즈가루를 뿌린다.

밀프렙 팁

주로 생채소로 이루어진 콜드샐러드는 신선도 때문에 일정 기간 이상의 밀프렙이 어렵지만, 모든 재료를 익힌 웜샐러드는 냉동 보관이 가능해 밀프렙을 추천해요. '모든 재료 1회 분량×n끼니'로 계산하여 만들되, 올리브유는 50% 분량만 사용해도 충분해요. 큰 내열용기에 담아 굽고 소분해 파르메산치즈가루를 뿌려 2~3일 내에 먹을 것은 냉장실에, 이후에 먹을 것은 냉동실에 보관해요.

다이어트쫄면

쫄깃한 면발과 매콤달콤한 양념이 입맛을 돌게 하는 쫄면은 분식집 대표 메뉴 중 하나예요.
하지만 칼로리는 라면보다 높다는 사실은 우리를 슬프게 하죠.
그래서 부담 없이 먹을 수 있는 라이트누들에 채소를 가득 넣어서 다이어트쫄면을 만들었어요.
쫄면의 새콤달콤한 맛은 그대로 살렸으니 골고루 잘 비벼서 먹어요.

INGREDIENTS

○ 라이트누들 1/2봉(75g)

○ 달걀 2개

○ 양배추 100g

○ 깻잎 5장

○ 당근 1/4개(55g)

○ 콩나물 90g(1줌)

○ 통깨 약간

소스

○ 통깨 1/2큰술

○ 고춧가루 1큰술
  (혹은 청양고춧가루)

○ 다진 마늘 1/2큰술

○ 사과식초 1½큰술

○ 알룰로스 2큰술
  (혹은 올리고당 1큰술)

○ 간장 2/3큰술

○ 제로사이다 2큰술

○ 들기름 1큰술

○ 저당고추장 1/2큰술
  (혹은 고추장 1/4큰술)

식초 1/2큰술,
소금 1/3큰술을 넣어 삶아요.

1 달걀은 식초, 소금을 넣은 물에
  넣어 10분 이상 완숙으로 삶고,
  찬물에 담갔다가 껍질을 벗긴다.

2 양배추, 깻잎, 당근은 채 썰고,
  달걀은 2등분한다.

3 냄비에 콩나물, 콩나물이 잠길
  정도의 물을 넣어 강불로 끓이고,
  끓어오르면 콩나물을 건져 물기를
  뺀다.

4 누들은 헹궈 물기를 빼 그릇에
  담고, 소스 재료는 잘 섞는다.

5 누들 위에 양배추, 깻잎, 당근,
  콩나물, 달걀을 둘러 담고,
  가운데에 소스를 부어 통깨를
  뿌린다.

두부크림수프

아침 / 저녁 \ 밀프렙

부드러운 크림수프는 속을 따뜻하게 해주고 맛도 좋아서 술술 잘 넘어가지만
대부분이 탄수화물 베이스예요. 수프라고 해서 마구 먹었다가는 감량기에 쓴맛을 볼 수 있죠.
그래서 두부와 앞다릿살베이컨을 활용해서 동식물성 단백질을 고루 갖춘
두부크림수프를 만들었어요. 부드러우면서도 씹는 맛이 좋은 데다 속도 편해요.

INGREDIENTS [2회 분량]

- ○ 두부 1모(300g)
- ○ 양파 1/2개(97g)
- ○ 앞다릿살베이컨 5장(98g)
- ○ 무염버터 10g
- ○ 다진 마늘 1/2큰술
- ○ 퀵오트밀 4큰술(22g)
- ○ 우유 1½컵(300ml)
- ○ 파슬리가루 1/3큰술+약간
- ○ 파르메산치즈가루 1/3큰술
- ○ 후춧가루 약간

1 두부는 살짝 헹궈 칼등으로 눌러
   으깬다.

2 양파는 잘게 다지고, 베이컨은 작은
   한입 크기로 썬다.

3 냄비에 버터를 녹이고 양파,
   베이컨, 다진 마늘을 넣고 중불에서
   2분간 볶는다.

4 두부, 오트밀, 우유를 넣고
   눌어붙지 않게 저어가며 5분간
   끓이다가 파슬리가루 1/3큰술을
   섞고 불을 끈다.

밀프렙 팁

두부크림수프는 1인분보다
넉넉한 양을 끓여야 더 맛있으니
밀프렙해서 보관하면 좋아요.
'모든 재료 1회 분량×n끼니'로
계산하여 만들되, 무염버터는
70% 분량만 사용해요. 한 김 식혀
소분하고 2~3일 내 먹을 것은
냉장실에, 이후에 먹을 것은
냉동 보관해요.

5 그릇에 담아 치즈가루, 후춧가루,
   파슬리가루를 뿌린다.

양배추오픈토스트

살짝 절여서 요거트와 머스터드에 상큼하게 비벼낸 양배추샐러드,
고소한 풍미가 좋은 앞다릿살베이컨, 토스트의 화룡정점인 반숙달걀프라이를
잘 구운 통밀식빵에 올려주세요. 만드는 과정은 간단하지만
기분 내기 좋은 브런치 한 접시가 금세 완성된답니다.

INGREDIENTS

- 통밀식빵 1장
- 앞다릿살베이컨 2장(40g)
- 달걀 1개
- 양배추채 90g
- 허브솔트 1/6큰술(혹은 소금)
- 그릭요거트 1큰술
- 홀그레인머스터드 1/2큰술
- 후춧가루 약간
- 크러쉬드레드페퍼 약간
- 올리브유 1/3큰술

1 양배추채는 허브솔트를 뿌리고 버무려 5분간 두었다가 물기 살짝 짠다.

2 볼에 양배추, 요거트, 머스터드를 넣고 잘 섞어 양배추샐러드를 만든다.

3 마른 팬에 식빵을 앞뒤로 노릇하게 굽는다.

4 같은 팬에 올리브유를 두르고 베이컨을 구우며 달걀프라이를 만든다.

5 식빵 위에 양배추샐러드, 베이컨, 달걀프라이를 올리고, 후춧가루, 레드페퍼를 뿌린다.

김치콩나물오트죽

아침 / 점심 \ 저녁 / 밀프렙

경상도에는 갱시기죽이라고 불리는 김치콩나물죽이 있어요.

김치와 콩나물에 밥을 넣어 끓이는 음식인데, 개운하면서도 얼큰해서 따끈하게 한 그릇 먹고 나면

콧잔등에 땀이 송골송골 맺혀요. 저는 밥 대신 오트밀과 달걀을 넣어서

다이어트 오트죽으로 변형했어요. 몸이 으슬으슬하거나 더운 음식이 당길 때 꼭 만들어보세요.

INGREDIENTS

○ 콩나물 2줌(155g)

○ 김치 47g(1줄기)

○ 대파 15cm(25g)

○ 달걀 2개

○ 퀵오트밀 3큰술(25g)

○ 피시소스 2/3큰술

○ 물 2½컵(500ml)

○ 고춧가루 1/4큰술
　　(혹은 청양고춧가루)

1 콩나물은 씻고, 김치는 굵게 다지고, 대파는 어슷 썰고, 달걀은 잘 푼다.

2 냄비에 콩나물, 김치, 피시소스, 물을 넣어 끓이고, 끓어오르면 달걀물을 빙 둘러 붓고 그대로 끓인다.

토핑용 대파를 약간만 남겨둬요.

3 달걀이 익으면 오트밀, 대파를 넣고 눌어붙지 않게 저어가며 끓이고, 오트밀이 불어나면 불을 끈다.

4 그릇에 담아 고춧가루를 뿌리고, 토핑용 대파를 올린다.

밀프렙 팁

'모든 재료 1회 분량×n끼니'로 계산하여 만들되, 피시소스는 70% 정도로 줄여 요리해요. 1~2일 내 먹을 것은 냄비째 데워 그때그때 덜어 먹고, 이후에 먹을 것은 소분해 냉장 혹은 냉동 보관해요.

저탄수대왕김밥

아침 / 저녁

가끔 식욕이 주체하지 못할 정도로 왕성하다면 음식을 입안에 터질 것처럼
가득 넣고 열심히 씹어보세요. 저작 근육을 부지런히 움직이다 보면
저칼로리 음식이라도 식욕을 만족스럽게 채워줘요. 일본의 후토마키에 버금갈 만큼
빵빵하고 푸짐한 저탄수대왕김밥이 여러분의 식욕과 스트레스를 잠재워드려요.

INGREDIENTS

- 김밥김 2장
- 깻잎 8장
- 양배추 70g
- 미역국수 1봉(180g)
- 게맛살 2개
- 슬라이스치즈 1장
- 오이고추 2개
- 쌈무 3장
- 액상달걀 난백액(달걀흰자)
  2/3컵(130ml/혹은 달걀 2개)
- 들기름 1/3큰술
- 올리브유 1/2큰술

소스

- 식초 1/2큰술
- 스리라차소스 1큰술
- 식물성마요네즈 1큰술

1 깻잎은 씻어 물기를 털고, 양배추는 채 썰고 씻어 물기를 뺀다.

미역국수에 물기가 있으면 김밥이 잘 말리지 않으니 최대한 물기를 제거해요

2 미역국수는 헹궈 물기를 탈탈 털고, 게맛살은 결대로 찢고, 치즈는 3등분한다.

난백액을 붓기 전에 양배추를 팬에 고루 펼쳐요.

3 달군 팬에 올리브유를 두르고 양배추를 강불에서 볶다가 숨이 죽으면 중약불로 줄이고, 난백액을 부어 양배추흰자지단을 만든다.

4 소스 재료는 잘 섞는다.

5 김 1장의 끝부분에 치즈를 나란히 올리고, 나머지 김 1장을 치즈 위에 올려 김 2장을 이어 붙인다.

23쪽 김밥 마는 법을 참고해요.

6 김 위에 양배추지단을 올리고 깻잎 4장-미역국수-고추-게맛살-쌈무-깻잎 4장순으로 올려 김밥을 만다.

7 김밥 윗부분과 칼에 들기름을 바르고 먹기 좋게 썰어 소스에 찍어 먹는다.

액상달걀 난백액
달걀은 흰자와 노른자 둘 다 영양이 가득한 완전식품이지만, 노른자에는 지방과 콜레스테롤이 함유되어(이로운 콜레스테롤이긴 하지만) 다이어트를 할 땐 어느 정도 양을 조절하기도 해요. 난백액은 달걀흰자만으로 이루어진 제품으로, 흰자와 노른자를 따로 분리하는 게 귀찮거나 보다 가벼운 요리를 먹고 싶을 때 사용하면 편리해요.

두릅간장마요김밥

완연한 봄이 제철인 두릅은 봄나물의 제왕이라고 불려요. 단백질과 비타민 A, 비타민C,
사포닌 등이 풍부해 다이어트에는 물론 면역력에도 좋은 귀한 봄 채소죠.
쌉싸래한 맛과 오독오독한 식감이 매력적이라 김밥 속 재료로도 안성맞춤이에요.
두릅이 자아내는 고급스러운 맛이 평범한 김밥을 프리미엄 김밥으로 만들어줘요.

INGREDIENTS

- ○ 김밥김 1장
- ○ 곤약밥 150g
- ○ 두릅 4개(40g)
- ○ 당근 1/5개(40g)
- ○ 템페 100g
- ○ 쌈무 3장
- ○ 간장 2/3큰술
- ○ 알룰로스 1/2큰술
  (혹은 올리고당 1/3큰술)
- ○ 들기름 1/2큰술
- ○ 식물성마요네즈 2/3큰술
- ○ 올리브유 1/2큰술

두릅이 안 나오는 계절에는
아스파라거스를 사용해요.

1 두릅은 씻어 꼼꼼히 다듬고,
당근은 채 썰고, 템페는 얇게 썬다.

두릅은 밑동만 담가
30초간 데치다가 모두 넣어
20초간 더 데쳐요.

2 끓는 물에 두릅을 넣고 재빨리
데쳐 물기를 짜고, 간장, 알룰로스,
들기름을 넣어 무친다.

템페를 뒤집어 굽기 시작할 때
당근을 넣어 볶아요.

3 달군 팬에 올리브유를 두르고
템페를 앞뒤로 노릇하게 굽고,
당근은 가볍게 볶는다.

23쪽 김밥 마는 법을
참고해요.

4 김 위에 밥을 펴 올리고, 쌈무-템페-
두릅-당근순으로 얹고 마요네즈를
길게 한 줄 뿌려 김밥을 만다.

두릅은 단백질과 비타민 A,
비타민 C, 사포닌 등이 풍부해
다이어트에 도움을 주고
면역력을 키워줘요. 살짝 데치면
영양소의 흡수율이 좋아지니
제철인 봄에 많이 드세요.

5 김밥에 들기름을 발라 먹기 좋게
썬다.

로제토달수프

아침 / 저녁 \ 밀프렙

토마토는 기름에 볶아 먹으면 영양 흡수율이 훨씬 높아지고 감칠맛이 살아나요.
그래서 저는 달걀, 토마토, 브로콜리를 자주 볶아 먹곤 했는데요,
여기에 디디미니표 건강 로제소스를 넣어 끓였더니 맛이 꽉 찬 건강한 수프가 완성됐어요.
정말 맛있으니까 푸짐하게 끓여서 밀프렙해두세요. 후회하지 않을 거예요!

INGREDIENTS

- 방울토마토 5개
- 브로콜리 1/4개(66g)
- 양파 1/4개(50g)
- 달걀 2개
- 귀리우유 1컵(200ml/
  혹은 우유, 무가당두유)
- 슬라이스치즈 1장
- 토마토페이스트 1큰술
  (혹은 토마토소스)
- 고춧가루 1/3큰술
  (혹은 청양고춧가루)
- 카레가루 1/3큰술
- 알룰로스 2/3큰술
  (혹은 올리고당 1/2큰술)
- 후춧가루 약간
- 파슬리가루 약간
- 올리브유 1큰술

1 토마토는 4등분하고, 브로콜리는
한입 크기로 썰고, 양파는 두껍게
채 썬다.

2 달군 팬에 올리브유 1/2큰술을
둘러 달걀을 깨 올린 다음,
약불에서 휘저어가며
스크램블드에그를 만들다가
달걀이 70% 정도 익으면 덜어둔다.

3 같은 팬에 올리브유 1/2큰술을
두르고 토마토, 브로콜리, 양파를
넣어 볶는다.

4 양파가 반투명해지면
스크램블드에그, 우유, 치즈,
토마토페이스트, 고춧가루를 넣고
저어가며 끓이다가 카레가루,
알룰로스를 섞어 불을 끈다.

밀프렙 팁

수프는 모든 재료를 넣고
익히기만 하면 되니
밀프렙하기에 손쉬워요.
'모든 재료 1회 분량×n끼니'로
계산해 만들되, 올리브유는
50% 분량만 사용해도 충분해요.
1~2일 내 먹을 것은 냄비째 데워
그때그때 덜어 먹어요. 이후에
먹을 것은 소분해 냉장 혹은
냉동 보관해요.

5 그릇에 담아 후춧가루,
파슬리가루를 뿌린다.

적양배추달걀샌드위치

242쪽 적양배추절임 활용

| 아침 | 점심 | 간식 | 저녁 |

샌드위치 속을 가득 채운 보랏빛 적양배추는 생양배추가 아닌 절임이에요.

안토시아닌, 단백질, 식이섬유, 칼슘 함량이 높은 적양배추가 발효하는 과정에서 유산균까지 풍부해져

다이어트에 더 적합해졌답니다. 절임을 꼭 짜서 샌드위치에 넣으면

씹는 맛이 좋아지고 포만감이 높아질 뿐만 아니라 위 건강에 도움을 줘요.

INGREDIENTS

- 통밀식빵 2장
- 달걀 2개
- 슬라이스치즈 1장
- 닭가슴살슬라이스햄 4장(50g)
- 로메인 8장(혹은 청상추)
- 적양배추절임 120g(242쪽 참고)
- 올리브유 1/2큰술

1 로메인은 씻어서 물기를 털고,
  적양배추절임은 물기를 꼭 짠다.

2 마른 팬에 식빵을 앞뒤로 노릇하게
  굽는다.

3 같은 팬에 올리브유를 두르고
  달걀프라이를 만든다.

22쪽 포장법을 참고해요.

4 유산지를 깔고 식빵 1장-치즈-
  햄-적양배추절임-달걀프라이-
  로메인-식빵 1장순으로 올려
  포장한다.

5 6:4 비율로 2등분해 식사와
  간식으로 나눠 먹는다.

양배추두부김치김쌈

따끈하게 데친 두부에 볶음김치를 올려 김에 싸 먹는다고 하면 다이어트 메뉴 같지만,
볶음김치의 짠맛과 기름도 무시할 수 없어요. 그래서 김치 약간에 양배추를 섞어
식감을 살리되 짠맛을 줄이고, 청양고추를 추가해 매콤하고 씹는 맛이 좋은 볶음을 만들었죠.
밥이 없어도 속이 편하고 감칠맛의 여운이 느껴지는 맛있는 끼니랍니다.

INGREDIENTS

- 김밥김 3장
- 양배추 130g
- 청양고추 2개
- 김치 50g(1½줄기)
- 두부 2/3모(200g)
- 고춧가루 1/4큰술
  (혹은 청양고춧가루)
- 들기름 1큰술
- 통깨 약간
- 올리브유 1/2큰술

1 양배추는 한입 크기로 썰고, 고추는
  어슷 썰고, 김치는 굵게 다지고,
  김은 가위로 6등분한다.

2 두부는 한입 크기로 썰어 끓는 물에
  넣고 1분간 데친 다음, 체에 밭쳐
  물기를 뺀다.

3 달군 팬에 올리브유를 두르고,
  양배추, 고추, 김치를 볶다가
  양배추의 숨이 죽으면 고춧가루를
  뿌려 볶는다.

4 불을 끄고 들기름, 통깨를 뿌려
  섞는다.

5 접시에 볶은 양배추김치, 두부,
  김을 올리고 통깨를 뿌린다.

훈제오리깻잎김밥

김밥이 살찌는 음식이 된 이유는 김밥에 두툼하게 들어간 밥 때문이 아닐까요?

밥만 줄이면 다양한 영양소가 골고루 들어가서 다이어트 음식으로도 충분하거든요.

김밥을 말 때 밥을 넉넉히 깔아야 김밥이 터지지 않는데, 다이어트 김밥에는 밥을 줄이는 대신 슬라이스치즈를

조금 채워보세요. 적은 양의 밥으로도 맛있고 건강한 김밥을 만드는 미니의 꿀팁이랍니다.

INGREDIENTS

○ 김밥김 1장
○ 곤약밥 1/2팩(75g)
○ 훈제오리 130g
○ 깻잎 10장
○ 청양고추 2개
　(혹은 오이고추)
○ 쌈무 3장
○ 슬라이스치즈 1장
○ 들기름 1/3큰술

1 깻잎은 씻어 물기를 빼고, 고추는 꼭지를 뗀다.

훈제오리를 체에 밭쳐 끓는 물을 부어 데쳐도 좋아요.

2 끓는 물에 훈제오리를 넣고 30초간 데쳐 물기를 빼고, 치즈는 3등분한다.

3 김 하단 1/3 지점에 치즈를 나란히 올리고 위아래로 잡곡밥을 펴 올린다.

4 밥 위에 깻잎 5장-쌈무-훈제오리-고추-깻잎 5장순으로 올려 김밥을 만다.

5 김밥 윗부분과 칼에 들기름을 바르고 먹기 좋게 썬다.

냉이달래오트밀전

감량 시에 먹어도 될까 싶은 음식인 전이지만, 냉이달래오트밀전은 건강한 탄수화물과 단백질에
제철 채소까지 먹을 수 있는 메뉴예요. 봄 향기가 가득한 봄나물에
고소한 맛의 김을 더하고, 밀가루 대신 오트밀과 달걀로 반죽해 전을 부쳐 향긋함이 매력적이에요.
새콤한 발사믹식초로 만든 소스에 찍어 계절을 즐기는 행복한 식사를 맛보세요.

INGREDIENTS

○ 냉이 65g(1~1½줌)

○ 달래 25g

○ 퀵오트밀 3큰술(20g)

○ 달걀 2개

○ 김밥김 2장

○ 올리브유 1큰술

소스

○ 발사믹식초 1큰술

○ 간장 1/2큰술

○ 들기름 1/2큰술

○ 다진 달래 2/3큰술

소스에 넣을 달래 약간은 굵게 다져 2/3큰술 정도 준비해요.

1 냉이, 달래는 꼼꼼히 다듬어 씻고 한입 크기로 썬다.

2 소스 재료는 잘 섞는다.

3 볼에 냉이, 달래, 오트밀, 달걀을 넣고 김을 손으로 찢어 넣은 다음, 잘 섞어 반죽을 만든다.

4 달군 팬에 올리브유를 둘러 반죽을 4등분해 올리고, 중불에서 앞뒤로 노릇하게 구워 소스에 찍어 먹는다.

part 5

파는 것보다 맛있는
시판 메뉴 벤치마킹

dd.mini

허기지는 순간 배달 애플리케이션을 켜는 버릇이 있다면,

카페나 식당에서 맛본 익숙한 그 맛이 그립다면,

자극적인 자본주의의 맛이 생각난다면 이 파트의 메뉴를 활용하세요.

마라맛 요리, 만두, 소떡소떡, 소시지빵, 그리고 프렌치토스트를

곁들인 브런치, 커피와 함께했던 스타벅스의 베이글까지

살찔까 봐 먹을 수 없었던 음식의 맛을 그대로 재연해

외식과 배달 음식의 유혹을 이겨낼 수 있어요.

마라비빔면

아침 / 점심 \ 저녁

얼얼하고 매운맛이 중독적인 마라샹궈는 맛있는 만큼 자극적이고 칼로리가 높아요.
하지만 마라맛을 포기할 수는 없으니 재료를 볶는 마라샹궈 대신
데쳐서 무치는 마라반 요리인 마라비빔면을 만들었어요. 당면이나 분모자는 없지만
면두부로 면치기가 가능하고, 마라맛 또한 알싸하게 강렬하니 마라맛 욕구, 이제 참지 마세요.

INGREDIENTS

- ○ 면두부 1팩(100g)
- ○ 청경채 1개(85g)
- ○ 느타리버섯 1줌(55g)
- ○ 고수 2뿌리(10g/선택)
- ○ 숙주 1줌(60g)
- ○ 현미라이스페이퍼 2장

마라소스 2회 분량

- ○ 고춧가루 1/2큰술
  - (혹은 청양고춧가루)
- ○ 다진 마늘 1/2큰술
- ○ 식초 1큰술
- ○ 알룰로스 1큰술
  - (혹은 올리고당 2/3큰술)
- ○ 마조유 1/2큰술(혹은 산초유)
- ○ 굴소스 2/3큰술
- ○ 무가당땅콩버터 1큰술
- ○ 마라샹궈소스(하이디라오) 2큰술

마조유 & 마라샹궈소스

마조유: 마라맛 요리에서
얼얼한 맛을 내주는 제품으로
고소한 카놀라유와 얼얼한
산초유만으로 만들어진 제품
중에 산초유의 함량이 높은
제품을 골라요.
하이디라오 마라샹궈소스:
프랜차이즈 식당에서 만든
소스로 마트나 인터넷에서
구입할 수 있어요. 제품 안내의
추천 정량대로 만들면 너무
짭짤해지니 양을 조절해서
건강한 마라소스를 만들어요.

> 숙주는 씻어서 물기를 털어요.

1 청경채는 잎을 한 장씩 뜯고,
버섯은 가닥가닥 뜯고, 고수는 한입
크기로 썬다.

2 면두부는 헹궈 물기를 털고,
라이스페이퍼는 길게 4등분한다.

3 끓는 물에 면두부, 청경채, 버섯을
넣고 30초간 끓이다가 숙주를 넣어
30초간 끓이고, 라이스페이퍼를
넣고 저어 불을 끈 다음, 10초 뒤에
재료를 체에 밭쳐 물기를 뺀다.

4 마라소스 재료는 잘 섞는다.

> 남은 소스는
> 마라낫토비빔밥(88쪽)에
> 활용해요.

5 큰 볼에 데친 재료, 마라소스
2큰술을 넣어 버무리고, 그릇에
담아 고수를 올린다.

바질토마토그릭베이글

아침 / 점심 \ 간석

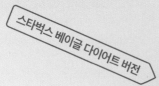
스타벅스 베이글 다이어트 버전

유명 프랜차이즈 카페의 인기 메뉴인 바질토마토그릭베이글을 처음으로 맛보고
깜짝 놀랐던 때가 기억나요. 그 맛을 떠올리며 좀 더 살찌지 않고 건강하게 먹을 수 있도록
레시피를 변형했어요. 밀가루베이글 대신 통밀베이글, 유산균이 가득한 그릭요거트와
유산균의 먹이가 되어주는 프락토올리고당을 넣어 오리지널보다 더 맛있게 만들었으니 깜짝 놀랄 거예요.

INGREDIENTS [2회 분량]

○ 통밀베이글 1개
○ 양파 1/6개(30g)
○ 선드라이드토마토 7개
   (혹은 240쪽 에어프라이어토마토)
○ 그릭요거트 3큰술(100g)
○ 토마토소스 1큰술
○ 프락토올리고당 1/2큰술
   (혹은 이소말토올리고당, 알룰로스)
○ 바질페스토 2/3큰술

1 베이글은 가로로 2등분해
에어프라이어 190℃에서 5분간
굽는다.

2 양파는 잘게 다지고,
선드라이드토마토는 굵게 다진다.

3 선드라이드토마토, 요거트,
토마토소스, 올리고당을 잘 섞어
토마토그릭크림을 만든다.

4 양파, 바질페스토를 잘 섞어
양파바질페스토를 만든다.

프락토올리고당의 장점
프락토올리고당은
프로바이오틱스(유산균)의
먹이가 되는 프리바이오틱스
중 하나라서 유산균이 들어
있는 요거트 요리에 활용하면
좋아요. 70℃ 이상에서
오랜 시간 가열하면 단맛이
감소하니 따뜻한 요리에는
이소말토올리고당을 사용해요.

5 베이글 한 조각에는 양파바질
페스토를, 나머지 한 조각에는
토마토그릭크림을 퍼 바른다.

22쪽 포장법을 참고해요.

6 베이글 두 조각을 하나로 포개어
포장한 다음, 6:4 비율로 2등분해
아침과 점심 혹은 식사와 간식으로
나눠 먹는다.

프로틴칩크로켓

아침 / 점심 / 저녁 / 밀프렙 / 에어프라이어

#프로틴칩고로케

기름에 튀겨 바삭바삭한 속세 크로켓이 생각날 때는 단백질 함량이 높은
구운 프로틴칩으로 크로켓을 만들어보세요. 간단한 재료만으로 맛있고 담백한
크로켓을 만들 수 있어요. 밀가루 없이 닭가슴살과 프로틴칩으로 만든 반죽에
약간의 올리브유를 더해 완성되는 크로켓은 고단백 요리라서 포만감도 오래 유지돼요.

INGREDIENTS

○ 프로틴칩 2봉(80g)
○ 생닭가슴살 300g
○ 청양고추 2개
○ 달걀 1개
○ 피자치즈 45g
○ 올리브유 1½큰술

1 푸드프로세서에 프로틴칩을 넣고 잘게 다져 덜어둔다.

2 푸드프로세서에 생닭가슴살, 고추를 넣고 잘게 다진다.

3 큰 볼에 다진 프로틴칩 2/3 분량, 다진 닭가슴살과 청양고추, 달걀을 넣고 잘 섞어 반죽을 만든다.

4 반죽을 3등분해 둥글납작하게 빚고, 가운데에 피자치즈를 얹어 반죽으로 감싸 타원형 모양으로 다듬는다.

프로틴칩
곡물가루에 단백질과 시즈닝을 더해 만든 과자로 튀기지 않고 오븐에 구워 칼로리가 낮고 단백질을 섭취할 수 있는 영양 간식이에요. 입이 심심할 때 먹기에도 좋고 크로켓 같은 튀김 요리, 샐러드볼, 피자 등 다양한 요리에 활용할 수 있어요.

5 남은 프로틴칩 가루에 크로켓을 굴려가며 묻힌다.

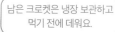

남은 크로켓은 냉장 보관하고 먹기 전에 데워요.

6 크로켓에 올리브유를 바르고 에어프라이어 180℃에서 15분, 뒤집어서 200℃에서 10분간 구워 한 끼에 1개씩 먹는다.

참치샐러드김밥

아침 / 점심

디디미니 쿠킹클래스에서 인기가 정말 많았던 김밥이에요. 참치마요김밥을
좋아하는 분이라면 틀림없이 사랑할 만한 메뉴죠. 아삭아삭한 채소에 기름 뺀 참치,
마요네즈 대신 그릭요거트와 홀그레인머스터드로 건강하게 맛을 낸 김밥은
한 줄을 다 먹어도 느끼하지 않으면서 포만감 또한 대단해요. 물론 살도 찌지 않는답니다.

INGREDIENTS

○ 김밥김 1½장

○ 곤약밥 1팩(150g)

○ 깻잎 8장

○ 샐러드채소 1½줌

○ 청양고추 2개

○ 쌈무 4장

○ 참치통조림 1개(100g)

○ 슬라이스치즈 1장

○ 홀그레인머스터드 1/2큰술

○ 그릭요거트 1큰술(29g)

○ 들기름 1/2큰술

1 깻잎, 샐러드채소는 씻어 물기를 털고, 고추는 꼭지를 뗀다.

2 참치는 숟가락으로 눌러 기름을 빼고, 치즈는 3등분한다.

살짝 따뜻한 밥을 올리면 치즈가 녹으며 김이 서로 달라붙어 절대 떨어지지 않아요.

3 샐러드채소, 참치, 머스터드, 요거트를 잘 섞어 참치샐러드를 만든다.

4 김 1/2장 끝부분에 치즈를 나란히 올리고, 나머지 김 1장을 치즈 위에 이어 붙인다.

23쪽 김밥 마는 법을 참고해요.

김밥의 끝부분을 바닥과 맞닿게 잠시 두면 재료의 수분으로 김이 잘 고정돼요.

5 김 위에 밥을 펴 올리고 깻잎 4장- 고추-쌈무-참치샐러드-깻잎 4장 순으로 올려 김밥을 만다.

6 김밥 윗부분과 칼에 들기름을 바르고 먹기 좋게 썬다.

다이어트어묵탕

어묵은 생선살로 만들어서 단백질이 풍부한 재료일 것 같지만
은근히 밀가루 함량이 높아 탄수화물에 가까운 어묵도 많아요. 그래서 다이어트 중에는
어육 함량이 90% 이상인 어묵을 골라요. 어육 함량이 높아 풍미가 좋은 고단백 어묵을 끓여
국물을 짜지 않게 우리고, 곤약면까지 넣어 푸짐하고 따끈한 어묵탕을 즐겨보세요.

INGREDIENTS [2회 분량]

- 천오란다 1봉(130g)
- 달걀 2개
- 표고버섯 5개(70g)
- 무 1/4개(320g)
- 대파 24cm(50g)
- 가다랑어포 3g+약간
- 납작곤약면 1팩(180g)
- 다진 마늘 1큰술
- 간장 1큰술
- 연두 2큰술(혹은 피시소스 1큰술)
- 식초 2/3큰술
- 물 3½컵(700ml)

달걀은 식초 1/2큰술,
소금 1/3큰술을 넣어 삶아요.

1 달걀은 식초, 소금을 넣은 물에 넣어 10분 이상 삶은 다음, 찬물에 담갔다가 껍질을 벗기고, 곤약면은 헹군다.

2 천오란다, 버섯, 무는 한입 크기로 썰고, 대파는 어슷 썬다.

3 냄비에 무, 물을 넣고 중불에서 끓어오르면 버섯, 다진 마늘, 간장, 연두를 넣어 끓인다.

4 무가 반투명해지면 대파, 천오란다, 가다랑어포 3g, 달걀, 곤약면을 넣어 끓이고, 끓어오르면 식초를 넣고 저어 불을 끈다.

천오란다

어묵은 밀가루 함량이 꽤 높으니 되도록 어육 함량이 높은 제품을 구입해요. '삼진어묵 천오란다'는 어육 함량이 90% 이상 함유된 제품이라 자주 이용해요.

5 그릇에 어묵탕의 1/2 분량을 담고 가다랑어포를 약간 뿌린다.

대파베이컨오픈토스트

아침 / 점심

한식을 만들 때 빠지지 않는 재료 중 하나가 대파예요.
대파는 한식뿐만 아니라 식사빵 레시피에도 잘 어울려서 맛에 포인트가 필요할 때
자주 활용해요. 으깬 달걀과 베이컨, 그릭요거트로 크림을 만들 때
송송 썬 대파를 넣으면 알싸한 매운맛이 느끼함을 잡아주어 맛의 균형이 잡혀요.

INGREDIENTS

○ 통밀식빵 1장
○ 달걀 2개
○ 대파 23cm(32g)
○ 앞다릿살베이컨 2장(38g)
○ 그릭요거트 75g
○ 후춧가루 약간
○ 타임(허브) 약간(선택)

식초 1/2큰술, 소금 1/3큰술을
넣어 삶아요.

1 달걀은 식초, 소금을 넣은 물에
넣어 10분 이상 완숙으로 삶고,
찬물에 담갔다가 껍질을 벗긴다.

2 대파는 잘게 다지고, 삶은 달걀은
포크로 으깬다.

3 마른 팬에 식빵을 앞뒤로 노릇하게
굽고, 같은 팬에 베이컨을 구워
잘게 자른다.

4 달걀, 대파, 베이컨, 요거트,
후춧가루를 섞어 대파크림을
만든다.

타임 등의 허브가 없다면 쪽파를
송송 썰어 올려도 좋아요.

5 식빵 위에 대파크림을 올리고
타임을 토핑한다.

두부만두

아침 / 점심 \ 저녁

만두는 밀가루로 만든 피 안에 당면소까지 들어가 하나씩 계속 집어먹다 보면
탄수화물을 많이 섭취하게 돼요. 그래서 현미라이스페이퍼를 만두피로 활용하고
두부와 닭가슴살, 채소로 소를 채운 다이어트 두부만두를 만들었어요.
속세 만두맛 뺨치게 맛있어서 식구들에게 빼앗길 수 있으니 많이 만들길 추천해요.

INGREDIENTS 2회 분량

○ 현미라이스페이퍼 6장
○ 새송이버섯 1개(85g)
○ 김치 58g(1줄기)
○ 부추 37g(1/3줌)
○ 두부 1모(300g)
○ 생닭가슴살 165g
○ 고춧가루 2/3큰술
○ 다진 마늘 1큰술
○ 굴소스 1/2큰술
○ 올리브유 1큰술+스프레이 약간

칼로 다질 때는 각각의 재료를 따로 다져서 준비해요.

칼로 다질 때는 두부는 칼등으로 으깨고, 생닭가슴살은 작게 썰어서 다져요.

1 푸드프로세서에 버섯, 김치를 넣어 잘게 다지고, 부추를 넣고 다시 한 번 다져 덜어둔다.

2 푸드프로세서에 두부, 생닭가슴살을 넣고 잘게 다진다.

3 달군 팬에 ②의 두부와 닭가슴살을 넣고 물기가 날아갈 때까지 강불에서 볶는다.

4 ①의 채소, 고춧가루, 다진 마늘, 굴소스, 올리브유를 넣고 3분간 볶아 만두소를 만든다.

만두에 올리브유 스프레이를 2~3회 뿌린 다음, 에어프라이어 180℃에서 10분, 뒤집어서 5분간 구워 바삭하게 먹어도 좋아요.

5 라이스페이퍼를 따뜻한 물에 담갔다 바로 꺼내 도마나 접시 위에 펼친다.

6 라이스페이퍼 가운데에 만두소를 올려 반 접은 다음, 가장자리를 잘 붙인다.

7 끝부분을 둥글게 말아 붙여 만두를 빚는다.

오버나이트샌드위치

아침 / 점심 / 저녁 / 간식 / 밀프렙

점심 도시락으로 전날 싸둔 샌드위치를 개봉했는데, 빵이 눅눅해져서 맛없게 먹었던 경험이 있나요?

그렇다면 오버나이트샌드위치 레시피에 주목하세요!

샌드위치 사이사이의 라이스페이퍼 덕분에 속 재료의 물기가 빵에 흡수되지 않아요.

이제 전날 밤 만들어둬도 갓 만든 것처럼 신선한 샌드위치의 맛을 느껴보세요.

INGREDIENTS

- ○ 통밀식빵 2장
- ○ 현미라이스페이퍼 2장
- ○ 양파 1/6개(28g)
- ○ 오이 1/2개
- ○ 게맛살 2개
- ○ 면두부 1팩(100g)
- ○ 슈레드치즈 15g(혹은 피자치즈)
- ○ 스리라차소스 1/2큰술
- ○ 식물성마요네즈 1큰술

게맛살은 비닐째 비벼가며 찢으면 결대로 쉽게 잘 찢어져요.

1 양파는 채 썰고, 오이는 세로로 얇게 썰고, 게맛살은 결대로 찢고, 면두부는 물에 헹궈 물기를 턴다.

2 볼에 면두부, 게맛살, 양파, 슈레드치즈, 스리라차소스, 마요네즈를 넣고 섞어 면두부샐러드를 만든다.

3 마른 팬에 식빵을 앞뒤로 노릇하게 구워 식힌다.

22쪽 포장법을 참고해요.

4 유산지를 깔고 식빵 1장- 라이스페이퍼 1장-오이 1/2- 면두부샐러드-나머지 오이- 라이스페이퍼 1장-식빵 1장순으로 올려 포장한다.

밀프렙 팁

샌드위치는 섞어서 만든 속 재료의 수분 때문에 상하기 쉽고, 빵이 물러질 수 있어 밀프렙하기엔 적당하지 않아요. 하지만 라이스페이퍼로 속 재료의 표면을 감싸면 1~2일 뒤에 먹어도 맛있어요. 2~3일 내 먹을 수 있는 양만 미리 만들어 냉장 보관해요.

5 다음날 6:4 비율로 2등분해 식사와 간식으로 나눠 먹는다.

고단백볶음고추장김밥

아침 / 점심

228쪽 닭가슴살볶음고추장 활용

단백질이 듬뿍 든 데다 감칠맛까지 좋은 홈메이드 닭가슴살볶음고추장에
식물성 단백질 재료인 면두부를 버무리면 이것만으로도 맛있는 비빔면이 완성돼요.
하지만 저는 이 비빔면에 밥과 치즈, 상추와 단무지를 넣어 김밥을 만들 거예요.
볶음고추장만 있으면 어떤 재료로도 맛있는 김밥이 완성되니 만들기가 정말 쉬워져요.

INGREDIENTS

- ○ 김밥김 1½장
- ○ 현미곤약밥 150g
- ○ 면두부 100g
- ○ 로메인 6장(혹은 청상추)
- ○ 백색김밥단무지 1개
- ○ 닭가슴살볶음고추장 2큰술
  (228쪽 참고/혹은 고추참치
  2~3큰술)
- ○ 슬라이스치즈 1장
- ○ 들기름 1/3큰술

1 면두부, 로메인은 씻어 물기를
털다.

2 면두부에 닭가슴살볶음고추장을
넣어 버무린다.

살짝 따뜻한 밥을 올리면
치즈가 녹으며
김이 서로 달라붙어
절대 떨어지지 않아요.

3 치즈를 3등분해 김 1/2장 끝부분에
치즈를 나란히 올리고, 나머지
김 1장을 치즈 위에 이어 붙인다.

23쪽 김밥 마는 법을
참고해요.

4 김 위에 밥을 올리고, 로메인 3장-
면두부-단무지-로메인 3장순으로
올려 김밥을 만다.

5 김밥 윗부분과 칼에 들기름을
바르고 먹기 좋게 썬다.

고추냉이연어오픈토스트

아침 / 점심

연어와 크림치즈를 올린 오픈토스트는 재료 궁합이 좋은 환상의 짝꿍이에요.

하지만 먹다 보면 느끼할 때도 있어서 재료를 가볍게 바꾸고

느끼한 맛을 개운하게 잡아줄 재료를 첨가해 만들었어요. 크림치즈 대신 그릭요거트를 쓰고

양파와 쪽파 그리고 고추냉이까지 넣으면 마지막 한입까지 신선해요.

INGREDIENTS

○ 통밀식빵 1장
○ 훈제연어 85g
○ 양파 1/8개(27g)
○ 쪽파 1대(13g)
○ 그릭요거트 3큰술(100g)
○ 생고추냉이 1/3큰술
○ 프락토올리고당 1큰술

1 양파, 쪽파는 잘게 썬다.

2 마른 팬에 식빵을 앞뒤로 노릇하게 굽는다.

토핑용 쪽파를 약간만 남겨둬요.

3 양파, 쪽파, 요거트, 생고추냉이, 올리고당을 섞어 소스를 만든다.

4 식빵 위에 소스를 듬뿍 바르고 훈제연어를 촘촘히 겹쳐 올려 토핑용 쪽파를 뿌린다.

양배추크림스튜

아침 / 점심 / 밀프렙

고급스러운 맛의 크림스튜를 다이어트 중에도 맛보고 싶다면 양배추크림스튜를 만들어봐요.
위에 좋은 양배추와 우유 대신 귀리우유를 넣어 속이 편하고,
부드럽게 뭉개지는 감자와 쫄깃하게 씹히며 훈제향을 내는 훈제오리 덕분에
크리미한 스튜가 한층 녹진해져요. 건더기가 풍부해서 더 만족스러울 거예요.

INGREDIENTS

- 감자 1개(105g)
- 양배추 120g
- 훈제오리 130g
- 마늘 3개(14g)
- 귀리우유 1컵
  (혹은 우유, 무가당두유)
- 유기농 치킨스톡(액상) 1/2개
  (7g/혹은 가루치킨스톡 1/3큰술)
- 무가당땅콩버터 1/2큰술
- 후춧가루 약간
- 파르메산치즈가루 약간

1 감자는 껍질을 벗겨 작게 썰고, 양배추, 훈제오리는 작은 한입 크기로 썰고, 마늘은 다진다.

2 달군 팬에 감자, 양배추, 훈제오리, 다진 마늘을 넣고 강불에서 양배추의 숨이 죽을 때까지 볶는다.

감자가 다 익을 때까지 끓여요

3 우유, 치킨스톡을 넣고 저어가며 끓이다가 땅콩버터를 넣어 잘 녹인다.

4 그릇에 담아 후춧가루, 치즈가루를 뿌린다.

밀프렙 팁

스튜는 모든 재료를 넣고 익히기 때문에 밀프렙하기 손쉬워요. '모든 재료 1회 분량×n끼니'로 계산해 만들되, 유기농 치킨스톡, 무가당땅콩버터는 70% 분량만 사용해도 충분해요. 1~2일 내 먹을 것은 냄비째 데워 그때그때 덜어 먹어요. 이후에 먹을 것은 소분해 냉장 혹은 냉동 보관해요.

고계살김밥

부드러운 고구마와 매콤하고 새콤한 김치는 서로의 장점을 살려주고
단점을 보완해주는 조합이라 끝없이 먹을 수 있을 것 같아요. 저는 이 조합을 김밥으로 응용했어요.
삶아서 으깬 고구마를 밥 대신 활용하고, 달걀과 게맛살로 단백질을 꽉꽉 채워요.
헹궈서 염분을 낮춘 김치와 맵싸한 청양고추, 아삭하고 시원한 오이가 뭉쳐 맛이 샐 틈이 없어요.

INGREDIENTS

○ 김밥김 1장

○ 고구마 100g

○ 달걀 2개

○ 오이 1/2개(100g)

○ 게맛살 2개

○ 청양고추 2개

○ 김치(묵은지) 30g(1줄기)

○ 들기름 1/3큰술

○ 올리브유 1/3큰술

1 냄비에 고구마, 고구마가 잠길
정도의 물을 붓고 뚜껑을 덮어
10분간 삶고, 껍질을 벗겨 한 김
식혀 으깬다.

2 달걀은 잘 풀고, 달군 팬에
올리브유를 두르고 달걀물을 부어
지단을 만든다.

게맛살은 손으로 비닐째 비비면
결대로 잘 찢어져요.

3 오이는 채 썰고, 게맛살은 결대로
찢고, 고추는 꼭지를 따고, 김치는
헹궈서 꼭 짠다.

23쪽 김밥 마는 법을
참고해요

4 김 위에 지단을 펼쳐 으깬 고구마를
밥처럼 펴 올리고, 오이-고추-
게맛살을 올려 김치로 덮어 김밥을
만다.

5 김밥 윗부분과 칼에 들기름을 발라
먹기 좋게 썬다.

프렌치토스트플레이트

아침 / 점심

호텔에서 대접받는 듯한 근사한 비주얼과 맛 덕분에 기분까지 좋아지는 메뉴예요.
달걀물에 푹 적셔서 코코넛오일로 노릇노릇하게 구운 통밀식빵에
남는 달걀물로 만든 부드러운 스크램블드에그를 얹고, 잘 구운 베이컨도 곁들여요.
바나나와 메이플시럽으로 자연의 단맛까지 채워주면 여행지에서 만날 법한 호텔 조식이 완성돼요.

INGREDIENTS

○ 통밀식빵 1개

○ 달걀 2개

○ 앞다릿살베이컨 2줄(37g)

○ 유기농 어린잎채소 2줌(25g)

○ 방울토마토 5개

○ 바나나 1/2개

○ 메이플시럽 1/2큰술
  (혹은 알룰로스 1큰술)

○ 코코넛오일 1/2큰술
  (혹은 올리브유 1/2큰술)

1 어린잎채소, 방울토마토는 씻어
  물기를 뺀다.

2 식빵은 4등분하고, 바나나는 길게
  2등분하고, 토마토는 2등분한다.

3 달걀은 잘 풀고, 식빵을 담가
  충분히 적신다.

4 달군 팬에 코코넛오일을 두르고
  달걀물에 적신 식빵을 앞뒤로
  노릇하게 굽는다.

팬에 달걀물을 붓고 젓가락이나
주걱으로 재빨리 휘저어가며 만들어요.

5 달군 팬에 식빵을 건지고 남은
  달걀물을 부어 스크램블드에그를
  만들고, 베이컨을 앞뒤로 노릇하게
  굽는다.

6 접시에 프렌치토스트,
  스크램블드에그, 베이컨, 바나나,
  토마토, 어린잎채소를 올리고
  메이플시럽을 뿌린다.

저탄수소떡소떡

아침 / 점심 / 간식 / 에어프라이어

휴게소의 인기 간식인 소떡소떡은 쫀득한 떡과 탱글탱글한 소시지의 맛이 잘 어울려
누구나 좋아하죠. 하지만 다이어터는 탄수화물의 결집체인 떡을 조심해야 한다는 걸 잘 알잖아요.
그래서 떡 대신 달걀흰자지단과 현미라이스페이퍼로 저탄수떡을 만들었어요.
나무꼬치 대신 통밀스파게티면을 활용해 꼬치까지 다 먹으니 환경도 보호할 수 있어요.

INGREDIENTS

○ 닭가슴살비엔나소시지 100g

○ 현미라이스페이퍼 4장

○ 액상달걀 난백액(달걀흰자) 1컵

   (혹은 달걀 2개)

○ 아몬드 3개

○ 통밀스파게티 5가닥

○ 파슬리가루 약간

○ 올리브유 1큰술

소스

○ 고춧가루 1/4큰술

   (혹은 청양고춧가루)

○ 다진 마늘 1/3큰술

○ 유기농 케첩 1큰술

○ 알룰로스 1큰술

   (혹은 올리고당 2/3큰술)

○ 저당고추장 1/4큰술

   (혹은 고추장 1/4큰술)

반달형 지단으로 총 4장을 준비해요.

1 작은 팬에 올리브유 1/2큰술을 두르고 난백액 1/2컵을 부어 흰자지단을 만들고, 같은 방법으로 지단 하나를 더 만들어 각각 2등분한다.

라이스페이퍼떡의 겉면이 살짝 말라 미끌거리지 않을 정도로만 냉장해요.

2 라이스페이퍼를 따뜻한 물에 담갔다 바로 꺼내 펼치고, 지단을 올려 돌돌 만 다음, 냉장실에 5분간 넣어둔다.

3 소시지는 칼집을 내고, 아몬드는 칼등으로 으깨고, 라이스페이퍼떡은 4등분한다.

토핑용 아몬드를 약간만 남겨둬요.

4 으깬 아몬드와 소스 재료를 잘 섞는다.

달군 팬에 올리브유 1/2큰술을 두르고 소떡소떡을 앞뒤로 노릇하게 구워도 좋아요.

5 소시지, 떡은 앞뒤로 올리브유 1/2큰술을 발라 에어프라이어 180℃에서 5분, 뒤집어 5분간 가열해 한김 식힌다.

6 스파게티 5가닥을 모두 2등분해 10가닥을 만들고, 2가닥씩 겹쳐 잡아 소시지, 떡을 번갈아 꽂아 소떡소떡꼬치를 만든다.

7 소스를 앞뒤로 바르고 아몬드, 파슬리가루를 뿌린다.

오이참치오픈토스트

인스타그램 감성의 비주얼을 가진 오이참치오픈토스트를 소개해요.
단지 모양만 예쁜 요리라면 디디미니 레시피가 아니죠! 만드는 법은 너무너무 쉽고
맛 또한 호불호 없이 모두가 좋아할 만큼 맛있어요. 절여서 물기를 짜 아작거리는 오이가
부드럽고 향긋한 바질크림참치와 어우러져 익숙하면서도 고급스러운 맛을 자아내요.

INGREDIENTS

- 통밀식빵 1장
- 오이 2/3개
- 참치통조림 1개(100g)
- 다진 마늘 1/3큰술
- 그릭요거트 2큰술
- 바질페스토 2/3큰술+약간
- 허브솔트 1/5큰술
  (혹은 소금 1/5큰술)
- 후춧가루 약간

1 오이는 채칼로 동그란 모양을 살려 얇게 썰고, 허브솔트를 넣고 버무려 10분간 절인 다음, 물기를 꼭 짠다.

2 참치는 숟가락으로 눌러 기름을 빼고, 다진 마늘, 요거트, 바질페스토 2/3큰술을 섞는다.

3 마른 팬에 식빵을 앞뒤로 노릇하게 굽는다.

토핑용 오이 2~3조각을 남겨둬요.

4 식빵 위에 바질참치 2/3 분량을 퍼 바르고, 절인 오이를 촘촘히 올려 후춧가루를 뿌린다.

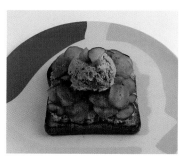

5 남은 바질참치를 동그랗게 모양내어 토스트 위에 얹고, 토핑용 오이, 바질페스토 약간을 올린다.

바질아보키위샌드

아침 / 점심

그릭요거트는 그냥 먹거나 요리의 토핑, 소스 등으로 다양하게 활용할 수 있는데,
그릭요거트에 바질페스토를 섞으면 향긋하고 고소한 맛을 가진
또 다른 메뉴가 돼요. 저는 이 바질크림에 골드키위, 닭가슴살 등을 추가해서
단짠단짠한 샌드위치를 만들었어요. 맛은 힙한 브런치 식당의 샌드위치가 부럽지 않아요.

INGREDIENTS

○ 통밀식빵 1장
○ 닭가슴살 100g
○ 아보카도 1/2개
○ 청상추 7장
○ 골드키위 1/2개
○ 양파 1/7개(15g)
○ 피망 1/4개(19g)
○ 그릭요거트 1큰술(30g)
○ 바질페스토 2/3큰술

1 상추는 씻어 물기를 빼고, 키위는 껍질째 씻는다.

키위 껍질은 식이섬유, 엽산, 비타민이 풍부해요. 깨끗이 씻어 껍질째 얇게 썰어 먹으면 식감도 좋아요.

2 양파, 피망은 채 썰고, 키위는 껍질째 동그랗게 썰고, 닭가슴살은 손으로 찢는다

씨가 붙은 쪽 남은 아보카도에는 오일을 바르고 공기가 닿지 않게 랩으로 감싸 씨를 바닥으로 향하게 하여 냉장 보관해요.

3 아보카도는 껍질을 벗겨 얇게 썬 다음, 비스듬히 살짝 눌러 가지런히 썬 모양을 살린다.

4 마른 팬에 식빵을 앞뒤로 노릇하게 굽는다.

5 닭가슴살, 양파, 요거트, 바질페스토를 잘 섞어 바질치킨크림을 만든다.

22쪽 포장법을 참고해요.

6 유산지를 깔고 식빵-아보카도-피망-바질치킨크림-키위-상추순으로 올려 포장한다.

7 2등분해 한 끼에 다 먹는다.

프로틴소시지빵

아침 / 점심 / 지녁 / 밀프렙

단짠단짠

NO 밀가루에 NO 오븐 레시피인데 단백질만큼은 듬뿍 든 소시지빵이에요. 일반 소시지빵을
능가할 만큼 단짠단짠한 맛이 특징인 고단백 메뉴죠. 오트밀가루, 프로틴가루로
쫀득한 반죽을 만들고, 반죽에 소시지를 올려 달걀말이를 만들 듯 돌돌 말아내면
밀프렙 도시락으로도 안성맞춤인 빵이 돼요. 감칠맛을 높이는 특제 소스도 꼭 뿌려 먹어요.

INGREDIENTS

- ○ 프로틴가루 2큰술(18g)
- ○ 오트밀가루 3큰술
  (35g/혹은 오트밀을 갈아서 사용)
- ○ 스트링치즈 1개
- ○ 달걀 2개
- ○ 닭가슴살소시지 1개(60g)
- ○ 스리라차소스 약간
- ○ 파슬리가루 약간
- ○ 코코넛오일 1큰술

소스

- ○ 양파 1/6개(22g)
- ○ 머스터드 1큰술
- ○ 무가당땅콩버터 1/2큰술
- ○ 물 1큰술

1 소스 재료의 양파는 다지고,
스트링치즈는 길게 2등분한다.

2 소스 재료는 잘 섞고, 달걀은
잘 푼다.

3 달걀물, 프로틴가루, 오트밀가루를
섞어 반죽을 만든다.

4 달군 팬에 코코넛오일을 두르고
반죽을 1/2 분량만 올려 약불로
줄이고, 반죽 앞쪽에 소시지,
스트링치즈를 올린다.

5 달걀말이를 하듯 반죽을 굴려
돌돌 말고, 남은 반죽을 붓고 이어
붙이듯 굴려 소시지빵을 만든다.

6 그릇에 담고 소스를 끼얹어
스리라차소스, 파슬리가루를
뿌린다.

토마토볶음김밥

아침 / 점심

썰어낸 단면이 귀여운 데다가 식감이 부드럽고 감칠맛이 좋은 토마토볶음김밥.
양배추를 듬뿍 넣어 토마토소스로 간한 볶음밥 덕분에
양념이 고루 배어 있고, 달걀 2개로 만든 달걀말이 덕분에 포만감이 오래가요.
담백한 달걀과 매콤 새콤한 볶음밥에 향긋한 깻잎이 잘 어울려요.

INGREDIENTS

- ○ 김밥김 1장
- ○ 현미곤약밥 1팩(150g)
- ○ 깻잎 7장
- ○ 양배추채 60g(1줌)
- ○ 청양고추 1개
- ○ 달걀 2개
- ○ 모차렐라슬라이스치즈 1장(16g)
- ○ 고춧가루 1/3큰술
  (혹은 청양고춧가루)
- ○ 토마토소스 1½큰술
- ○ 들기름 1/3큰술
- ○ 올리브유 1/2큰술

1 깻잎, 양배추채는 씻어 물기를 빼고, 고추는 꼭지를 뗀다.

> 팬에 올리브유를 두르고 강불에서 달구다가 불을 끄고 달걀말이를 만들면 달걀을 여유롭게 말 수 있어요. 빈틈없이 동그란 달걀말이를 만들려면 김발에 잠시 말아둬요.

2 달걀은 잘 풀고, 달군 팬에 올리브유를 두르고 달걀물을 부어 달걀말이를 만든 다음, 덜어둔다.

> 고추는 가위로 얇게 송송 잘라 넣어요.

3 같은 팬에 밥, 양배추, 고추, 고춧가루, 토마토소스를 넣고 볶아 토마토볶음밥을 만든다.

4 김 위에 치즈를 2등분해 나란히 올리고, 그 위에 토마토볶음밥을 펴 올린다.

모차렐라슬라이스치즈
일반 슬라이스치즈를 사용해도 좋지만, 고소한 풍미와 고급스러운 맛을 내고 싶다면 자연치즈 100%로 만들어진 모차렐라슬라이스치즈를 사용해요.

> 23쪽 김밥 마는 법을 참고해요.

5 깻잎, 달걀말이를 올려 김밥을 말고, 김밥 윗부분과 칼에 들기름을 바르고 먹기 좋게 썬다.

part 6

칭찬밖에 없는
SNS 인기 메뉴

dd.mini

디디미니 인스타그램과 유튜브 채널에서 많은 분의 사랑을
받은 최고 인기 메뉴를 모았어요. 파는 것처럼 맛있는 로제닭볶이,
식빵 대신 두부로 만든 두부몬테크리스토, 영양 만점 보양식
초간단오리탕, 향이 좋은 트러플리소토와 김밥, 샌드위치 등
직접 만들어보고 극찬해주신 메뉴라 맛도 영양도 모자람이 없어요.
또 수많은 후기로 실제 감량 효과가 검증된 메뉴이니
맛있게 먹으면서 살 빠지는 놀라운 효과를 직접 경험해보세요.

로제닭볶이

아침 / 점심 / 저녁 / 밀프렙

로제떡볶이의 인기가 한창일 때, "다이어트 로제떡볶이도 만들어주세요!"라는
요청이 많아서 개발한 레시피예요. 이미 많은 분이 만들어 드시고는
"배달 떡볶이보다 훨씬 맛있어요!"라고 외쳐주신 검증된 메뉴죠. 떡 대신 닭가슴살을 쓰고
약간의 라이스페이퍼로 쫄깃한 중국당면을 재연한 고단저탄 로제닭볶이. 꼭 만들어보세요.

INGREDIENTS

- 달걀 1개
- 양파 1/4개(54g)
- 완조리닭가슴살 100g
- 현미라이스페이퍼 3장
- 토마토소스 2큰술
- 귀리우유 1컵
  (혹은 우유, 무가당두유)
- 고춧가루 2/3큰술
  (혹은 청양고춧가루)
- 슬라이스치즈 1장
- 카레가루 1/2큰술
- 알룰로스 1큰술
  (혹은 올리고당 2/3큰술)
- 피자치즈 20g
- 파슬리가루 약간
- 올리브유 1/2큰술

식초 1/2큰술, 소금 1/3큰술을 넣어 삶아요.

1 달걀은 식초, 소금을 넣은 물에 넣어 10분 이상 완숙으로 삶고, 찬물에 담갔다가 껍질을 벗긴다.

2 양파는 두껍게 채 썰고, 닭가슴살은 한입 크기로 썰고, 라이스페이퍼는 세로로 길게 4등분한다.

3 달군 팬에 올리브유를 두르고 중불에서 양파, 토마토소스를 볶다가 우유, 고춧가루, 치즈를 넣고 저어가며 1분간 끓인다.

4 닭가슴살을 넣고 끓이다가 양파가 완전히 익으면 중불로 줄이고, 카레가루, 알룰로스를 섞는다.

밀프렙 팁

로제닭볶이는 모든 재료를 넣고 익히기 때문에 밀프렙하기 손쉬운 메뉴예요. '모든 재료 1회 분량×n끼니'로 계산해 만들되, 슬라이스치즈, 올리브유는 50% 분량만 사용해도 충분해요. 현미라이스페이퍼는 그때그때 넣어 먹어야 더 쫄깃하고 맛있어요. 소분해 2~3일 내 먹을 것은 냉장실에, 이후 먹을 것은 냉동 보관해요.

5 삶은 달걀, 라이스페이퍼를 넣고 20초간 섞다가 불을 끄고 그릇에 담는다.

6 피자치즈를 뿌려 전자레인지에 20초간 가열하고 파슬리가루를 뿌린다.

양배추와플전

달걀과 오트밀 그리고 와플팬만 있다면 밀가루를 전혀 넣지 않고도
맛있는 전을 만들 수 있어요. 오트밀달걀반죽에 게맛살을 넣어 깊은 맛과 향을 더하고,
양배추채를 듬뿍 넣어 씹는 재미를 주면 속이 편안한 포만감이 꽤 만족스러워요.

INGREDIENTS

○ 양배추 120g

○ 청양고추 2개

○ 게맛살 2개

○ 퀵오트밀 3큰술(18g)

○ 달걀 2개

○ 가다랑어포 약간

○ 식물성마요네즈 1½큰술

○ 스리라차소스 1/2큰술

○ 올리브유 1/2큰술

1 양배추는 채 썰고, 고추는 얇게 송송 썰고, 게맛살은 비닐째 비벼 결대로 찢는다.

2 양배추, 고추, 게맛살, 오트밀, 달걀을 잘 섞어 반죽을 만든다.

> 와플팬 크기에 따라 반죽 양을 조절해 2~3장 정도 구워요.

3 와플팬에 올리브유를 바르고 반죽을 적당히 부어 와플을 여러 장 굽는다.

4 그릇에 구운 와플을 쌓으며 와플 사이사이와 맨 윗면에 마요네즈를 약간씩 펴 바른다.

5 와플에 스리라차소스를 뿌리고 가다랑어포를 올린다.

유부미니김밥

한입에 가득 채워서 먹는 빵빵한 김밥도 맛있지만, 가끔은 적당한 크기로 만들어
한입에 쏙쏙 먹는 꼬마김밥 같은 메뉴가 생각나요. 그럴 때는
별다른 재료 없이 고소한 유부를 듬뿍 넣고 김밥을 말아보세요. 김밥의 새로운 맛에
깜짝 놀랄 거예요. 유부는 국내산 콩으로 만든 국산 유부슬라이스를 사용해요.

INGREDIENTS

- ○ 김밥김 2장
- ○ 현미곤약밥 1팩(150g)
- ○ 냉동유부슬라이스 1줌(40g)
- ○ 청양고추 2개
- ○ 달걀 2개
- ○ 쌈무 6장
- ○ 다진 마늘 1/2큰술
- ○ 간장 1큰술
- ○ 알룰로스 1/2큰술
  (혹은 올리고당 1/2큰술)
- ○ 물 3큰술
- ○ 들기름 1/2큰술
- ○ 통깨 약간

1 고추는 길게 반으로 가르고, 달걀은
잘 푼다.

유부는 국내산 콩으로 만든 제품을 사용하고,
튀긴 제품이니 식용유를 따로 넣지 않아요.
물에 데쳐 꼭 짜서 볶아도 좋아요.

2 마른 팬에 유부, 다진 마늘, 간장,
알룰로스, 물을 넣고 중불에서
노릇노릇하게 볶아 덜어둔다.

3 같은 팬에 달걀물을 붓고 약불에서
휘저어가며 스크램블드에그를
만든다.

23쪽 김밥 마는 법을
참고해요.

김밥 초보자는 쌈무를 가장 마지막
순서에 두고 재료를 덮어서 말아요.

4 김 위에 밥을 퍼 올리고 쌈무-
유부볶음-스크램블드에그-
고추순으로 올려 김밥 2줄을 만다.

김밥의 끝부분을
바닥과 맞닿게 잠시 두면 재료의
수분으로 김이 잘 고정돼요

5 김밥 윗부분과 칼에 들기름을
바르고 먹기 좋게 썰어 통깨를
뿌린다.

두부몬테크리스토

아침 / 점심 / 저녁 / 에어프라이어

270쪽 무설탕딸기잼 활용

단짠단짠한 맛 때문에 자꾸 생각나는 두부몬테크리스토는 장점이 많은 메뉴예요.
식빵 대신 두부를 사용해서 건강하고, 밀가루가 전혀 들어가지 않은
NO 밀가루 레시피인 데다 튀기지 않고 구워서 속도 편하고 담백한 맛이 좋아요.
이미 SNS에서는 다이어터의 인기 레시피로 등극한 요리랍니다.

INGREDIENTS

○ 두부 1모(300g)

○ 슬라이스치즈 2장

○ 닭가슴살슬라이스햄 4장(48g)

○ 무설탕딸기잼 1/3큰술
　　(270쪽 참고)

○ 홀그레인머스터드 1/3큰술

시판 구운 두부를 사용하면
시간을 단축할 수 있어요.

1 두부는 키친타월로 물기를 최대한
닦고, 가로로 2등분해 다시 한 번
물기를 닦는다.

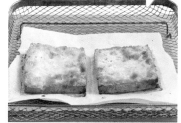

2 종이포일 위에 두부를 올리고
에어프라이어 180℃에서 25분,
뒤집어서 10분간 굽는다.

3 구운 두부 2장 중 하나에는
딸기잼, 나머지 하나에는
홀그레인머스터드를 바른다.

4 두부 2장에 치즈를 한 장씩 올리고,
두부 한쪽에만 햄을 올려 하나로
포갠 다음, 대각선 방향으로
2등분한다.

콘그릭샌드위치

톡톡 터지는 식감이 매력적인 옥수수통조림과 고소하고 진한 그릭요거트,

시원하고 알싸한 맛을 가진 생양파를 섞으면 맛이 정말 좋아요.

옥수수를 듬뿍 넣은 대신 통밀식빵은 하나만 사용해서 하프샌드위치로 만들어요.

이왕 건강한 식단을 시작했으니 유전자 조작의 걱정이 없는 유기농 옥수수통조림을 활용하면 금상첨화죠.

INGREDIENTS

○ 통밀식빵 1장
○ 달걀 2개
○ 청상추 8장
○ 양파 1/7개(25g)
○ 유기농 옥수수통조림 3큰술(50g)
○ 그릭요거트 100g(3큰술)
○ 허브솔트 약간(혹은 소금)
○ 파슬리가루 1/4큰술
○ 홀그레인머스터드 1/2큰술
○ 유기농 발사믹크림 약간
○ 후춧가루 약간

식초 1/2큰술, 소금 1/3큰술을 넣어 삶아요.

1 달걀은 식초, 소금을 넣은 물에 넣어 10분 이상 완숙으로 삶고, 찬물에 담갔다가 껍질을 벗겨 얇게 썬다.

2 상추는 씻어 물기를 빼고, 양파는 잘게 썬다.

3 옥수수, 양파, 요거트, 허브솔트, 파슬리가루, 후춧가루를 섞어 콘그릭샐러드를 만든다.

4 마른 팬에 식빵을 앞뒤로 노릇하게 굽는다.

22쪽 포장법을 참고해요.

5 유산지를 깔고 식빵 위에 머스터드를 펴 발라 올리고, 콘그릭샐러드-달걀-발사믹크림-상추순으로 올려 포장한다.

6 6:4 비율로 2등분해 식사와 간식으로 나눠 먹는다.

게맛살스크램블드에그샌드위치

아침 / 점심 / 저녁 / 간식

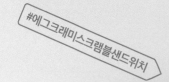
#에그크래미스크램블샌드위치

게맛살을 넣어 두툼하게 구운 게맛살스크램블드에그는 빵빵한 모양만큼이나
부드럽고 폭신폭신한 맛이 좋아요. 잘 구운 빵 사이에 달걀 4개로 만든
단백질 스크램블드에그를 넣고 신선한 토마토, 고소한 모차렐라치즈, 잎채소를 넣고
한입 크게 베어 물어보세요. 각기 다른 매력을 가진 재료가 행복을 가져다줘요.

INGREDIENTS 2회 분량

- ○ 통밀식빵 2장
- ○ 샐러드채소 2줌(100g)
- ○ 토마토 1/2개
- ○ 게맛살 2개
- ○ 달걀 4개
- ○ 모차렐라슬라이스 치즈 1장
- ○ 스리라차소스 1/2큰술
- ○ 올리브유 1/3큰술

1 샐러드채소는 씻어 체에 밭쳐
  물기를 빼고, 토마토는 동그란
  모양을 살려 썰고, 게맛살은 결대로
  찢는다.

2 달걀은 잘 풀고, 게맛살을 넣어
  잘 섞는다.

3 달군 팬에 올리브유를 두르고
  중약불에서 달걀물을 붓고
  휘저어가며 스크램블드에그를
  절반쯤 익히다가 식빵 크기로
  모양을 다지며 굽는다.

4 마른 팬에 식빵을 앞뒤로 노릇하게
  굽고, 잔열이 있을 때 식빵 1장에
  치즈를 올려 살짝 녹인다.

22쪽 포장법을 참고해요.

5 유산지를 깔고 치즈식빵 1장-
  토마토-스크램블드에그-
  스리라차소스-샐러드채소 1/2-
  식빵 1장순으로 올려 포장한다.

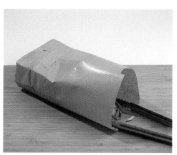

6 밀봉 전에 남은 채소를 집어넣어
  포장하고, 6:4 비율로 2등분해
  식사와 간식으로 나눠 먹는다.

초간단들깨오리탕

아침 / 점심 / 저녁 / 밀프렙

다이어트 중에도 기력을 보충하며 몸보신하고 싶다면 들깨오리탕을 추천해요.
만드는 과정은 간단한데 놀랄 만큼 맛있어서 요리 초보자인 분들이 만들어보곤
진짜 내가 한 요리가 맞는지 의심했다는 후기가 이어지곤 했어요.
들깨오리탕으로 체력을 키우고 다이어트에도 성공해 두 마리 토끼를 잡아봐요.

INGREDIENTS

- ○ 생오리가슴살 150g
- ○ 청양고추 1개
- ○ 부추 35g(1/2줌)
- ○ 느타리버섯 1줌(63g)
- ○ 콜리플라워라이스 1컵(75g)
- ○ 다진 마늘 1/2큰술
- ○ 유기농 치킨스톡(액상) 1개
  (14g/혹은 가루치킨스톡 1/3큰술)
- ○ 퀵오트밀 2큰술(15g)
- ○ 물 1½컵(300ml)
- ○ 들깻가루 1½큰술
- ○ 올리브유 1/2큰술

1 고추는 송송 썰고, 부추는 3cm 길이로 썰고, 버섯은 가닥가닥 뜯고, 오리가슴살은 한입 크기로 썬다.

2 달군 팬에 올리브유를 두르고 다진 마늘, 고추를 볶다가 콜리플라워라이스, 오리가슴살, 버섯을 넣어 볶는다.

3 치킨스톡, 오트밀, 물을 넣고 눌어붙지 않게 저어가며 끓인다.

> 토핑용 부추를 약간만 남겨서 사용해요.

4 오트밀이 불면 부추, 들깻가루를 섞어 불을 끄고, 그릇에 담아 토핑용 부추를 올린다.

밀프렙 팁

1인분보다 넉넉한 양을 끓이면 국물 맛이 더 좋아지니 밀프렙해서 보관하세요. '모든 재료 1회 분량×n끼니'로 계산하여 만들되, 올리브유는 50%, 유기농 치킨스톡은 70% 분량만 사용해요. 한 김 식혀 소분하고 2~3일 내 먹을 것은 냉장실에, 이후에 먹을 것은 냉동 보관해요.

고추참치김밥

저는 편의점 김밥 중에 전주비빔밥 김밥을 좋아해서 즐겨 먹곤 했는데요,
그 맛이 가끔 생각나서 다이어트용 김밥으로 구현했어요. 참치와 저당고추장,
다진 마늘과 방울토마토라니 재료 조합에 의문이 들 수도 있지만, 막상 먹어보면 입안에서 터지는
감칠맛에 고개가 절로 끄덕여질 거예요. 재료를 비비면 김밥 속 재료가 완성되니 만들기도 편해요.

INGREDIENTS

○ 김밥김 1½장

○ 현미곤약밥 1팩(150g)

○ 참치통조림 1개(100g)

○ 대추방울토마토 5개

○ 깻잎 8장

○ 오이고추 2개

○ 슬라이스치즈 1장

○ 쌈무 3장

○ 다진 마늘 1/2큰술

○ 저당고추장 2/3큰술
　(혹은 고추장 1/2큰술)

○ 들기름 1/3큰술

1 토마토는 작게 썰고, 깻잎은 씻어 물기를 털고, 고추는 꼭지를 뗀다.

2 참치는 숟가락으로 눌러 기름을 뺀다.

3 볼에 토마토, 참치, 밥, 다진 마늘, 고추장을 넣고 골고루 비빈다.

살짝 따뜻한 밥을 올리면 치즈가 녹으며 김이 서로 달라붙어 절대 떨어지지 않아요.

4 치즈를 3등분해 김 1/2장 끝부분에 치즈를 나란히 올리고, 나머지 김 1장을 치즈 위에 이어 붙인다.

23쪽 김밥 마는 법을 참고해요.

5 김에 비빔밥을 펴 올리고, 깻잎 4장- 쌈무-고추-깻잎 4장순으로 올려 김밥을 만다.

6 김밥 윗부분과 칼에 들기름을 바르고 먹기 좋게 썬다.

대파에그샐러드토스트

270쪽 무설탕딸기잼 활용

아침 / 점심

감자를 포슬포슬하게 삶아서 으깨어 만든 감자샐러드는 너무 맛있어서
자꾸 퍼먹게 되는 마성의 메뉴예요. 하지만 감자를 많이 먹으면 탄수화물을 그만큼
많이 섭취하게 되니 단백질이 가득한 달걀을 듬뿍 넣고 감자를 살짝만 섞었어요.
여기에 식이섬유가 풍부한 대파를 듬뿍 넣어 물리지 않는 맛을 내는 것이 비결이랍니다.

INGREDIENTS

샐러드 `2회 분량`

○ 통밀식빵 1장

○ 달걀 5개

○ 감자 1개(125g)

○ 대파 1대(30cm, 56g)

○ 양배추채+적채 50g(1줌)

○ 무설탕딸기잼 1/2큰술

　（270쪽 참고)

○ 파슬리가루 약간

소스

○ 알룰로스 1큰술

　(혹은 올리고당 2/3큰술)

○ 식물성마요네즈 3큰술

○ 홀그레인머스터드 1큰술

○ 토마토페이스트 1큰술

　(혹은 토마토소스)

1 달걀, 감자는 깨끗이 씻어 소금
넣은 물에 15분 이상 푹 삶아
껍질을 벗긴다.

2 큰 볼에 삶은 달걀, 삶은 감자를
넣어 으깨고, 대파는 잘게 다진다.

3 으깬 감자, 달걀에 대파, 양배추채,
적채, 소스 재료를 모두 넣어
잘 섞는다.

4 마른 팬에 식빵을 앞뒤로 노릇하게
구워 그릇에 담고, 딸기잼을
펴 바른다.

> 토스트에는 샐러드의 1/2 분량만
> 사용해요. 남은 샐러드는 통밀과자에
> 발라 먹어도 좋아요.

5 아이스크림 스쿱으로 샐러드를
동그랗게 퍼 토스트 위에 3~4조각
올리고, 파슬리가루를 뿌린다.

망고단짠샌드위치

애플망고는 적당량을 잘 지켜서 먹으면 다이어트에 이로운 과일이에요.

수용성 식이섬유인 펙틴이 풍부해 콜레스테롤 수치를 낮춰주고 배변 활동을 원활하게

도와주거든요. 샌드위치 안에 망고가 들어가 의아할 수도 있지만 망고의 자연스러운 단맛과

고소하고 쌉싸래한 루콜라, 짭조름한 베이컨과 치즈의 궁합이 좋아 이름 그대로 단짠단짠한 샌드위치가 완성돼요.

INGREDIENTS [2회 분량]

- ○ 통밀식빵 2장
- ○ 애플망고 1/2개(혹은 냉동망고)
- ○ 와일드루콜라 1줌(33g)
- ○ 양파 1/7개(25g)
- ○ 앞다릿살베이컨 3장(55g)
- ○ 달걀 2개
- ○ 모차렐라슬라이스치즈 1장
- ○ 홀그레인머스터드 1/2큰술

1 루콜라는 씻어 물기를 털고, 애플망고는 과육에 세로로 얇게 칼집을 내어 숟가락으로 퍼내고, 양파는 채 썬다.

2 식빵 1장에 머스터드를 퍼 바르고 치즈를 올린다.

> 파니니그릴이 없다면 마른 팬에 식빵 2장을 앞뒤로 구운 다음, 불을 끄고 식빵 1장에 머스터드를 바르고 치즈를 올려 잔열로 녹여요.

3 나머지 식빵 1장을 겹쳐 파니니그릴에 눌러 굽는다.

4 마른 팬에 베이컨을 노릇하게 굽고, 같은 팬에 남은 베이컨 기름으로 달걀프라이 2개를 만든다.

> 22쪽 포장법을 참고해요.

5 유산지를 깔고 그릴에 구운 식빵 중 1장을 떼서 올리고, 베이컨-망고- 달걀프라이-양파-루콜라-식빵 1장 순으로 덮어 포장한다.

6 6:4비율로 2등분해 식사와 간식으로 나눠먹는다.

들깨트러플리소토

아침 / 점심 \ 저녁 / 밀프렙

들깻가루와 트러플오일의 공통점이 뭘까요? 특유의 향으로 음식의 맛과 풍미를
돋우는 것이 아닐까요? 이런 두 재료가 만나 절대 맛없을 수 없는 메뉴가 탄생했어요.
재료를 넣고 볶아 끓이기만 했는데 이런 요리가 완성됐다고 놀라도 괜찮아요.
이미 많은 분께 칭찬받은 메뉴이니 이제 직접 만들어서 나의 요리 솜씨와 리소토 맛에 취해보세요.

INGREDIENTS

○ 완조리닭가슴살 100g

○ 양파 1/4개(36g)

○ 양배추 110g

○ 고수 1뿌리

　(5g/혹은 깻잎 2장)

○ 귀리우유 1컵

　(혹은 우유, 무가당두유)

○ 오트밀 3큰술(15g)

○ 들깻가루 1큰술

○ 허브솔트 1꼬집

　(혹은 소금 약간+후춧가루 약간)

○ 트러플오일 1큰술

○ 올리브유 1/3큰술

1 닭가슴살은 손으로 찢고, 양파,
　양배추, 고수는 한입 크기로 썬다.

2 달군 팬에 올리브유를 두르고 양파,
　양배추, 닭가슴살을 볶는다.

3 우유, 오트밀을 넣고 눌어붙지
　않게 저어가며 끓이다가
　꾸덕꾸덕해지면 들깻가루,
　허브솔트를 섞고 30초간 끓인다.

4 불을 끄고 트러플오일을 섞고,
　그릇에 담아 고수를 올린다.

참치루콜라샐러드김밥

아침 / 점심

참치와 게맛살에 그릭요거트와 홀그레인머스터드를 섞으면
누가 먹어도 맛있게 먹을 수 있는 참치게맛살샐러드가 돼요. 김밥 안에 이것만 넣어도
맛있지만, 향이 좋은 루콜라를 더하면 씹는 맛도 좋고 영양도 보완되죠.
이 김밥은 찰흙처럼 착 달라붙는 샐러드 덕분에 김밥 초보자도 예쁘게 말기 쉬워요.

INGREDIENTS

○ 김밥김 1장
○ 곤약밥 1팩(150g)
○ 참치통조림 1개(100g)
○ 게맛살 1개
○ 와일드루꼴라 1줌(30g)
○ 청양고추 2개
○ 쌈무 3장
○ 그릭요거트 1큰술(30g)
○ 홀그레인머스터드 1/2큰술
○ 들기름 1/3큰술

1 루꼴라는 씻어 물기를 빼고, 고추는 꼭지를 뗀다.

2 참치는 숟가락으로 눌러 기름을 빼고, 게맛살은 비닐째 비벼 찢는다.

김의 길이가 긴 쪽을 세로 방향으로 두면 속이 꽉 찬 김밥을 말기 쉬워요.

23쪽 김밥 마는 법을 참고해요.

3 참치, 게맛살, 요거트, 머스터드를 섞어 참치게맛살샐러드를 만든다.

4 김 위에 밥을 펴 올리고 루꼴라-쌈무-참치게맛살샐러드-고추순으로 올려 김밥을 만다.

5 김밥 윗부분과 칼에 들기름을 바르고 먹기 좋게 썬다.

무화과바질샌드위치

저는 다양한 음식을 맛보길 좋아해서 제철에 나오는 채소나 과일을
자주 챙겨 먹어요. 그래서 무화과 계절에는 꼭 무화과바질샌드위치를 만들어 먹죠.
잘 익어서 부드럽고 달콤한 무화과에 향긋한 바질크림을 얹고
닭가슴살햄과 달걀로 단백질을 더해서 맛 좋고 영양 많은 한 끼를 맛보세요.

INGREDIENTS 2회 분량

- ○ 통밀식빵 2장
- ○ 무화과 2개
- ○ 청상추 5~8장
- ○ 양파 1/6개(25g)
- ○ 달걀 2개
- ○ 닭가슴살슬라이스햄 4장(50g)
- ○ 그릭요거트 2큰술(60g)
- ○ 바질페스토 1큰술
- ○ 후춧가루 약간
- ○ 올리브유 1/2큰술

무화과는 꼭지를 위로 향하게 해서 꼭지 부분에 물이 들어가지 않도록 주의해서 씻어요.

1 무화과, 상추는 씻어 물기를 털고, 양파는 잘게 다진다.

샌드위치를 잘랐을 때 단면이 예쁘도록, 달걀을 깨 올리자마자 숟가락으로 노른자 두 개를 옮겨 가까이 붙여줘요.

2 달군 팬에 올리브유를 두르고 달걀프라이 2개를 1개 크기로 만든다.

3 요거트, 다진 양파, 바질페스토, 후춧가루를 잘 섞어 양파바질요거트를 만든다.

4 마른 팬에 식빵을 앞뒤로 노릇하게 굽는다.

22쪽 포장법을 참고해요.

5 유산지를 깔고 식빵 1장-햄- 양파바질요거트-무화과- 달걀프라이-상추-식빵 1장순으로 올려 포장한다.

6 6:4 비율로 2등분해 식사와 간식으로 나눠 먹는다.

part 7

밥에 곁들여 먹는
다이어트 반찬

dd.mini

밥과 한식을 좋아하거나 매 끼니를 만들어 먹기 어려운 다이어터라면

다이어트 밑반찬 몇 가지를 만들어 저장하길 추천해요.

잡곡밥이나 현미밥 등에 냉장고에서 꺼낸 반찬 한두 가지만 있으면

감량 중인 것을 잊게 하는 그리운 한식 밥상이 완성되죠.

추억의 도시락 반찬인 쏘야, 어묵마늘종볶음, 멸치볶음, 메추리알장조림은

물론이고 애호박전, 무생채, 생선 대신 참치로 만든 무조림, 직접 만든

저염된장까지, 익숙한 반찬을 고단백 저나트륨식으로 업그레이드했어요.

더 건강하고 날씬해진 반찬으로 클래식한 상차림을 즐겨보세요.

노밀가루애호박게맛살전

그냥 먹어도 맛있고 잡곡밥에 곁들이는 반찬으로도 좋은 전을 소개해요.
굽는 내내 고소한 향이 입맛을 돋우는 노밀가루전은 이름처럼 밀가루를
전혀 넣지 않고 만들어요. 밀가루 대신 오트밀을 사용하고 애호박을 듬뿍 넣어 구웠거든요.
게맛살의 풍미와 상큼하게 씹히는 양파가 맛에 포인트를 줘요.

INGREDIENTS

- ○ 애호박 1개(287g)
- ○ 양파 1/4개(60g)
- ○ 게맛살 4개(130g)
- ○ 퀵오트밀 30g(4큰술)
- ○ 달걀 3개
- ○ 올리브유 1½큰술

1 애호박, 양파는 채 썰고, 게맛살은
비벼가며 결대로 찢고, 오트밀은
믹서로 곱게 간다.

2 애호박, 양파, 게맛살, 오트밀,
달걀을 잘 섞어 반죽을 만든다.

3 달군 팬에 올리브유를 두르고
중약불에서 반죽을 먹기 좋은
크기로 나누어 올린 다음, 앞뒤로
노릇하게 구워 2회에 나눠 먹는다.

부추참치무침

재료를 한데 섞어서 무치는 손쉬운 반찬이지만, 자꾸 손이 가는 맛에
다른 반찬이 없어도 밥 한 공기를 뚝딱 해치울 수 있는 부추참치무침이에요.
참치는 기름을 깔끔하게 제거해 고소하고 담백한 맛을 살려 사용하고,
개성 있는 향을 가진 부추와 고수를 넣어 상큼하게 무쳐내면 쫄깃하면서도 아삭한 밥도둑이 된답니다.

INGREDIENTS 3~4회 분량

- 부추 190g
- 고수 26g(5뿌리/ 혹은 깻잎 5장)
- 참치통조림 2개(200g)

소스

- 고춧가루 1큰술
  (혹은 청양고춧가루)
- 식초 2큰술
- 알룰로스 1큰술
  (혹은 올리고당 2/3큰술)
- 간장 1큰술
- 통깨 약간

1 부추, 고수는 한입 크기로 썬다.

2 참치는 숟가락으로 눌러 기름을
  빼고, 소스 재료는 잘 섞는다.

3 부추, 고수, 참치, 소스를 섞어
  양념이 뭉치지 않게 잘 버무리고,
  냉장 보관해 3~4회에 나눠 먹는다.

어묵마늘종볶음

알싸한 맛의 마늘종과 쫄깃한 어묵, 매콤달콤하게 만든 소스, 고소한 검은깨가 만나

하나가 되면 밥반찬의 정석인 어묵마늘종볶음이 완성돼요.

잡곡밥에 어묵마늘종볶음 하나만 곁들여도 탄수화물, 단백질, 지방의 영양을

골고루 채우는 식단이 되죠. 각기 다른 맛과 식감을 가진 재료를 집어먹는 재미가 쏠쏠해요.

INGREDIENTS 3회 분량

- ○ 천오란다 2봉(260g)
- ○ 마늘종 14줄(300g)
- ○ 고춧가루 1/2큰술
  (혹은 청양고춧가루)
- ○ 간장 1큰술
- ○ 물 1/3컵(70ml)
- ○ 알룰로스 1큰술
  (혹은 올리고당 1/2큰술)
- ○ 검은깨 1/2큰술
- ○ 올리브유 1큰술

1 천오란다는 한입 크기로 썰고,
  마늘종은 4cm 길이로 썬다.

2 달군 팬에 올리브유를 두르고
  천오란다, 마늘종을 볶다가 어묵이
  살짝 노릇해지면 고춧가루, 간장,
  물을 넣어 볶는다.

3 마늘종이 거의 다 익으면 알룰로스,
  검은깨를 넣고 섞어 불을 끈다.

4 식혀서 밀폐용기에 담아 냉장
  보관하고 3회에 나눠 먹는다.

두부브로콜리무침

244쪽 병아리콩저염된장 활용

적당히 데치면 오독오독한 식감이 좋은 브로콜리는
단백질과 비타민 C가 풍부해 다이어트할 때 냉장고에 꼭 구비해야 할 재료 중 하나예요.
싱그러운 녹색 빛이 나도록 살짝 데친 브로콜리에 식물성 단백질 두부를 으깨어 넣고
고소한 들깨, 직접 만든 저염된장으로 양념해 무치면 색다르고 맛있는 반찬이 돼요.

INGREDIENTS 〔3회 분량〕

○ 두부 210g
○ 브로콜리 152g

소스

○ 들깻가루 2큰술
○ 다진 마늘 1큰술
○ 간장 1큰술
○ 알룰로스 1큰술
  (혹은 올리고당 2/3큰술)
○ 식초 1큰술
○ 들기름 2큰술
○ 병아리콩저염된장 2큰술
  (244쪽 참고/혹은 된장 2/3큰술)

1 두부는 키친타월로 겉면의 물기를
  제거하고 칼등으로 눌러 으깬다.

2 브로콜리는 작은 한입 크기로
  썰어 씻고, 끓는 물에 20초간 데쳐
  물기를 뺀다.

3 큰 볼에 소스 재료를 넣어 잘 섞고,
  으깬 두부를 섞어 버무린 다음,
  브로콜리를 넣고 무친다.

4 밀폐용기에 담아 냉장 보관하고
  3회에 나눠 먹는다.

닭가슴살볶음고추장

#디디미니만능소스

볶음고추장은 한 번 만들어두면 여기저기 쓰임새가 매우 많으니
고단백, 저당질, 저나트륨을 원칙을 지켜 다이어트식으로 만들어볼까요? 우선 모든 재료를
잘게 다져주세요. 여기에 디디미니만의 배합으로 만든 양념을 넣어서 볶으면 요리 끝!
비빔밥을 만들거나 김밥에 넣어도 좋고, 빵에 발라 먹어도 좋은 만능소스랍니다.

INGREDIENTS 4~5회 분량

- ○ 생닭가슴살 170g
- ○ 양파 1/8개(40g)
- ○ 쪽파 2대(20g)
- ○ 새송이버섯 1/2개(40g)
- ○ 다진 마늘 1큰술
- ○ 토마토페이스트 2큰술
  (혹은 토마토소스)
- ○ 저당고추장 1큰술
  (혹은 고추장 2/3큰술)
- ○ 물 1/2컵(100ml)
- ○ 카레가루 1큰술
- ○ 통깨 1/2큰술
- ○ 알룰로스 1큰술
  (혹은 올리고당 2/3큰술)
- ○ 들기름 1큰술
- ○ 올리브유 1/2큰술

푸드프로세서가 없다면 모든 재료를 칼로 곱게 다져요.

1 푸드프로세서에 양파, 쪽파,
버섯을 넣고 다져 덜어두고,
닭가슴살을 넣어 다진다.

2 달군 팬에 올리브유를 두르고
다진 재료를 모두 넣어 중불에서
닭이 절반쯤 익을 때까지 볶는다.

3 다진 마늘, 토마토페이스트,
고추장, 물을 넣고 섞어가며 볶다가
강불로 올려 졸여가며 볶는다.

4 물기가 거의 날아가면 카레가루,
통깨, 알룰로스, 들기름을 넣어
재빨리 섞듯이 볶아 불을 끈다.

5 식혀서 열탕 소독한
밀폐유리용기에 담아 냉장
보관하고 1주일 내로 먹는다.

닭쏘야카레볶음

탱글탱글한 닭가슴살소시지와 느타리버섯, 아삭아삭하게 씹히는 각종 채소는
양념 없이 볶아도 맛있지만, 카레가루를 소량만 넣어서 볶으면
음식 맛이 업그레이드되어 여러 번 먹어도 질리지 않아요. 단백질과 식이섬유가 풍부한
카레맛 볶음반찬에 밥이나 면을 함께 넣어 볶아 먹어도 좋아요.

INGREDIENTS [3~4회 분량]

- ○ 닭가슴살소시지 2팩(240g)
- ○ 셀러리줄기 1대(63g)
- ○ 빨강파프리카 1/2개(90g)
- ○ 노랑파프리카 1/2개(95g)
- ○ 양파 1/4개(90g)
- ○ 느타리버섯 2줌(140g)
- ○ 카레가루 1큰술
- ○ 후춧가루 1/3큰술
- ○ 올리브유 1큰술

셀러리는 잎을 몇 개 떼어 토핑에 활용해요.

1 셀러리, 빨강·노랑파프리카, 양파는 작은 한입 크기로 썰고, 소시지는 모양을 둥글게 한입 크기로 썰고, 버섯은 가닥가닥 뜯어 짧게 2등분한다.

2 달군 팬에 올리브유를 두르고 셀러리, 양파, 소시지를 볶다가 양파가 반투명해지면 파프리카, 버섯을 넣어 볶는다.

3 카레가루를 넣고 재빨리 섞어가며 볶다가 불을 끄고, 후춧가루를 뿌려 섞는다.

4 식혀서 밀폐용기에 담아 냉장 보관하고 3~4회에 나눠 먹는다.

버섯메추리알장조림

한입에 쏙쏙 먹기 좋은 메추리알장조림은 언제나 인기 있는 반찬이에요.

하지만 감량 중에 먹기에는 나트륨 함량이 높으니 양념을 조절해서 만들 거예요.

메추리알과 함께 표고버섯과 곤약을 넣어 식이섬유를 채우고, 감칠맛을 살려주는 양념을 배합하면

밥과 함께 먹기에 딱 좋은 간을 가진 고단백 저탄수화물 밥반찬이 되죠.

INGREDIENTS [4~5회 분량]

- ○ 깐 메추리알 450g
- ○ 표고버섯 7개(90g)
- ○ 곤약떡볶이 180g
- ○ 다시마(3×5cm) 6장(2g)
- ○ 간장 3큰술
- ○ 유기농 치킨스톡(액상) 1개
  (14g/혹은 가루치킨스톡 1/2큰술)
- ○ 피시소스 1큰술
- ○ 물 2컵
- ○ 알룰로스 3큰술
  (혹은 올리고당 2큰술)

두께가 도톰한 곤약을
사용해야 식감이 좋아요.

1 버섯은 한입 크기로 썰고, 곤약은
  물에 헹궈 체에 밭쳐 물기를 뺀다.

2 냄비에 메추리알, 곤약, 다시마,
  간장, 치킨스톡, 피시소스, 물을
  넣고 뚜껑을 덮어 강불로 끓인다.

3 끓어오르면 중약불로 줄여 버섯,
  알룰로스를 넣고, 뚜껑을 닫아 간이
  잘 밸 때까지 15분 정도 끓인다.

4 완전히 식혀서 내열용기에 담아
  냉장 보관하고 4~5회에 나눠
  먹는다.

비트무생채

시원하고 깔끔한 무생채는 한꺼번에 넉넉히 만들어 냉장고에 넣어두면
끼니마다 꺼내 먹기 좋아요. 일반식으로 먹을 때보다 무침 양념을 좀 더 건강하게 만들면
다이어트 중에도 걱정 없이 먹을 수 있죠. 저는 무와 비트를 섞어서 만들었는데요,
두 가지 재료를 쓴 만큼 영양이 풍부해졌어요. 서로 살짝 다른 식감을 맛보는 재미도 놓치지 마세요.

INGREDIENTS [4~5회 분량]

- ○ 비트 1/3개(100g)
- ○ 무 450g
- ○ 대파 19cm(27g)
- ○ 고춧가루 2큰술
  (혹은 청양고춧가루)
- ○ 다진 마늘 1큰술
- ○ 식초 2큰술
- ○ 알룰로스 2큰술
  (혹은 올리고당 1큰술)
- ○ 피시소스 2큰술
- ○ 통깨 1/2큰술
- ○ 들기름 2큰술

1 비트, 무는 껍질을 벗겨 채 썰고,
   대파는 얇게 송송 썬다.

2 볼에 비트, 무, 대파, 고춧가루,
   다진 마늘, 식초, 알룰로스,
   피시소스를 넣고 잘 버무린다.

3 통깨를 손바닥으로 으깨어 넣고,
   들기름을 뿌려 섞는다.

4 밀폐용기에 담아 냉장 보관하고
   4~5회에 나눠 먹는다.

참치캔무조림

생선조림의 생선보다 잘 익은 무를 좋아하는 사람들이 있죠? 저도 그중에 한 명이에요.
수분을 가득 머금고 촉촉하고 부드럽게 익은 무를 쪼개 먹다 보면 밥 생각이
절로 나요. 손질하기 귀찮은 생선 대신 참치통조림을 넣어서 만든 참치캔무조림은
생선 못지않게 맛이 풍부해요. 따뜻한 잡곡밥에 얹어 먹으며 한식 다이어트에 도전해봐요.

INGREDIENTS [3~4회 분량]

- ○ 참치통조림 3개(300g)
- ○ 무 2/3개(682g)
- ○ 대파 42cm(100g)
- ○ 양파 1/2개(90g)
- ○ 고춧가루 1큰술
  (혹은 청양고춧가루)
- ○ 다진 마늘 1큰술
- ○ 간장 2½큰술
- ○ 유기농 치킨스톡(액상) 1개
  (14g/혹은 가루치킨스톡 1/2큰술)
- ○ 물 2컵
- ○ 알룰로스 1큰술
  (혹은 올리고당 1/2큰술)

1 참치는 숟가락으로 눌러 기름을
   뺀다.

2 무는 껍질째 2cm 두께로 둥글게
   썰어 2등분하고, 대파는 어슷 썰고,
   양파는 굵게 채 썬다.

3 냄비에 무, 양파, 고춧가루,
   다진 마늘, 간장, 치킨스톡, 물을
   넣고 강불에서 15분간 푹 끓인다.

4 참치, 대파, 알룰로스를 넣고
   끓어오르면, 중불에서 재료에
   국물을 끼얹어가며 대파가 익을
   때까지 3분 정도 졸인다.

5 완전히 식혀서 밀폐용기에 담아
   냉장 보관하고 3~4회에 나눠
   먹는다.

버터구이진미채버섯볶음

버터구이진미채라니, 이름을 들으면 살찌는 요리라고 생각할 수 있지만
건강한 재료를 적당량만 사용해 만들면 뭐든지 다이어트 음식으로 만들 수 있어요.
오징어의 수분을 날려서 만든 진미채는 굉장한 고단백 식품인데요, 진미채에 짠맛이 있으니
버섯을 듬뿍 넣고 무염버터와 무가당땅콩버터로 양념해 볶으면 먹는 내내 고소한 반찬이 돼요.

INGREDIENTS 〔4회 분량〕

- ○ 진미채 120g
- ○ 새송이버섯 3개(150g)
- ○ 무염포션버터 2개(20g)
- ○ 다진 마늘 1큰술
- ○ 무가당땅콩버터 1큰술
- ○ 알룰로스 1큰술
  (혹은 올리고당 2/3큰술)
- ○ 검은깨 1/2큰술
- ○ 파슬리가루 약간

1 진미채는 물에 10분간 담가 불리고
  체에 밭쳐 물기를 뺀다.

2 버섯은 한입 크기로 썰고, 진미채는
  먹기 좋게 썬다.

3 달군 팬에 버터를 녹이고 중불에서
  다진 마늘, 버섯을 넣어 볶다가
  진미채, 땅콩버터, 알룰로스를 넣고
  섞어가며 볶는다.

4 불을 끄고 검은깨, 파슬리가루를
  뿌려 잘 섞고, 식혀서 밀폐용기에
  담아 냉장 보관하고 4회에 나눠
  먹는다.

에어프라이어토마토

방울토마토를 햇빛에 말리면 식감이 꾸덕꾸덕해지고 감칠맛이 매우 좋아져
다양한 요리에 활용할 수 있어요. 하지만 직접 만들기엔 손이 많이 가고 시간이 오래 걸리니
햇빛 대신 에어프라이어로 빠르고 간편하게 만들어요. 잘 말린 토마토는 넉넉한 올리브유에 담가두고
볶음밥, 파스타, 샌드위치 재료로 써요. 토마토를 담가둔 올리브유도 요리할 때 사용해요.

INGREDIENTS

- ○ 대추방울토마토 400g
- ○ 마늘 3개(12g)
- ○ 로즈마리 2g
- ○ 히말라야핑크솔트 약간
  (2g/혹은 소금)
- ○ 올리브유 170ml

물에 베이킹소다를 약간 풀고 토마토를 2~3분간 담갔다 흐르는 물에 헹구면 좋아요.

1 토마토는 꼭지를 떼고 씻어 물기를 뺀다.

2 토마토는 2등분해 망에 올리고, 마늘은 편 썰고, 로즈마리는 줄기를 다듬는다.

3 토마토에 핑크솔트를 살짝 뿌려 에어프라이어 140℃에서 15분간 굽고 꺼내어 1분간 식힌다.

4 에어프라이어 100℃에서 25분간 굽고 꺼내어 1분간 식히고, 다시 100℃에서 25분간 가열해 한 김 식힌다.

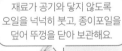

재료가 공기와 닿지 않도록 오일을 넉넉히 붓고, 종이포일을 덮어 뚜껑을 닫아 보관해요.

5 열탕 소독한 밀폐유리용기에 토마토, 마늘, 로즈마리를 섞어 담고, 올리브유를 가득 채운다.

프리타타파이(84쪽), 바질토마토그릭베이글(156쪽)에 선드라이드토마토 대신 활용해요.

6 냉장 보관해 1일 이상 숙성해서 2주 내로 먹고, 샌드위치, 파스타 등에 사용한다.

적양배추절임

아삭하고 상큼한 맛이 좋은 데다 발효하며 유산균이 생겨 건강에 이로운 적양배추절임은
너무 짜지 않도록 레시피 정량대로 만들면, 다양한 요리에 활용하기 좋아요.
일반 양배추로 만들어도 괜찮지만, 적양배추에는 안토시아닌이 함유되어 있을 뿐만 아니라
단백질과 식이섬유, 칼슘 함량이 일반 양배추보다 높아 다이어트에 더 이로워요.

INGREDIENTS

○ 유기농 적양배추 1개(987g)

○ 핑크솔트 15g(혹은 소금/
   소금은 양배추 무게의 약 1.5%)

○ 후춧가루 1/2큰술

뜯어둔 큰 잎은 발효 시 덮는 용도로 써요.

1 양배추는 겉잎을 2~3장 뜯어두고
   나머지는 모두 채 썬다.

2 손질한 양배추는 물에 3분간
   담갔다가 흐르는 물에 씻고 체에
   밭쳐 물기를 뺀다.

3 양배추채는 핑크솔트를 뿌리고
   버무려 숨이 죽을 때까지 10분간
   절인다.

4 후춧가루를 뿌리고 다시 한 번
   가볍게 버무려 섞는다.

발효 중에 국물이 넘쳐흐를 수 있으니 밀폐용기 아래에 그릇 등을 받쳐놔요.

5 열탕 소독한 밀폐유리용기에
   양배추절임을 꾹꾹 눌러 담고,
   절임 국물까지 함께 담는다.

6 양배추 겉잎으로 양배추절임을 꾹
   눌러 덮어 절임이 국물에 잠기도록
   만들어 밀폐한다.

7 상온에서 3~7일 정도 발효하고
   소분해서 냉장 보관해 2~3주 내로
   먹는다.

병아리콩저염된장

콩 발효 식품인 된장은 건강한 양념이지만, 다이어터에겐 많이 짜니 간편하게 저염된장을 만들어봐요.
콩 중에서도 단백질 함량이 가장 높고 고소한 맛이 일품인 병아리콩과
은은한 단맛에 부드러운 식감을 가진 캐슈넛에 국내산 콩으로 만든 된장을 소량 섞으면
영양을 부쩍 높인 건강한 다이어트식 된장을 만들 수 있어요.

INGREDIENTS

○ 병아리콩통조림 150g
  (혹은 푹 삶은 병아리콩)

○ 캐슈넛 50g(2줌)

○ 된장 100g

푸드프로세서가 없다면 절구로 곱게 으깨요.

1 푸드프로세서나 믹서에 물기를
  뺀 병아리콩, 캐슈넛을 넣고 곱게
  간다.

2 간 병아리콩과 캐슈넛에 된장을
  골고루 잘 섞는다.

3 열탕 소독한 밀폐유리용기에
  병아리콩저염된장을 담아 냉장
  보관해 1달 내로 먹는다.

저염된장의 장점
콩을 발효해 만든 전통 된장은
당질이 낮아 다이어트 중에
섭취해도 좋은 양념이지만,
나트륨 섭취를 줄여야 하니 양을
조절해서 먹어야 해요. 감량 시에
된장을 구입해야 한다면 짠맛은
덜하고 콩의 맛이 풍부한 국내산
저염된장을 구입하는 것도
좋아요. 홈메이드 저염된장은
국내산 된장에 단백질이 풍부한
병아리콩 등의 콩 종류와
견과류를 갈아서 섞어 만들어요.

템페 가지볶음

템페는 콩을 발효해 만든 인도네시아의 전통 식재료로 100g에 단백질이 19g이나 함유된
식물성 고단백 식품이에요. 맛은 고소하고 식감은 부드러워 호불호 없이
먹을 수 있죠. 건강한 재료 템페와 함께 기름에 볶으면 영양 흡수율이 높아지는 가지를
매콤하게 볶아보세요. 한 번 맛보고 나면 자주 생각나는 반찬이 될 거예요.

INGREDIENTS 2~3회 분량

- 템페 200g
- 가지 2개(270g)
- 양파 1/2개(130g)
- 청양고추 2개
- 고춧가루 1큰술
- 굴소스 1½큰술
- 물 1/2컵
- 들기름 1큰술
- 통깨 1큰술
- 올리브유 1큰술

1 가지는 길게 반 갈라 어슷 썰고, 양파는 굵게 채 썰고, 고추는 어슷 썰고, 템페는 깍뚝 썬다.

2 달군 팬에 올리브유를 두르고, 양파, 고추를 볶다가 가지, 템페를 넣어 1분간 볶는다.

3 고춧가루, 굴소스, 물을 넣어 볶다가 물이 졸아들어 채소가 익으면 불을 끄고, 들기름, 통깨를 뿌려 섞는다.

4 밀폐용기에 담아 냉장 보관하고 2~3회에 나눠 먹는다.

캐슈넛멸치볶음

멸치는 다이어트할 때 꼭 필요한 단백질과 칼슘을 함유하고 있어요.
멸치에 고소하고 부드러운 캐슈넛과 유기농 완두콩을 함께 요리하면
단백질과 건강한 식물성 지방이 풍부한 영양 만점 반찬이 되죠.
기본적으로 멸치에 짭조름한 맛이 있으니 당 걱정 없는 단맛 재료만 더해서 볶아요.

INGREDIENTS 〔5회 분량〕

○ 볶음용 세멸치 150g

○ 캐슈넛 2줌(60g)

○ 유기농 냉동완두콩 2컵(150g)

○ 마늘 8개(28g)

○ 알룰로스 4큰술

　(혹은 올리고당 3큰술, 꿀 2큰술)

○ 통깨 1큰술

○ 올리브유 1큰술

1 마늘은 너무 얇지 않게 편 썬다.

2 달군 팬에 올리브유를 두르고 중불에서 마늘을 볶다가 멸치, 캐슈넛, 완두콩을 넣어 3분간 볶는다.

3 알룰로스를 재빨리 섞고, 통깨를 넣어 20초간 볶아 불을 끈다.

4 식혀서 밀폐용기에 담아 냉장 보관하고 5회에 나눠 먹는다.

part 8

스트레스 잠재우는
디저트 &간식

디저트와 간식을 먹으면서도 감량할 수 있냐고요?

네, 그럼요! 참고 또 참으며 스트레스받다가 한순간에 폭식하지 말고,

몸에 좋은 재료로 만든 간식으로 배고픔도 잠재우고

입 터짐도 방지해요. 설탕 대신 알룰로스나 올리고당, 과일을 넣고,

밀가루 대신 프로틴가루를 사용하면 만족스러울 만큼 달콤하면서도

단백질까지 보충해주는 영양 만점, 효과 만점의 디저트가 완성돼요.

빵, 떡, 케이크, 잼, 요거트, 콤부차, 라면땅까지 취향 따라 즐겨요.

프로틴캐러멜

아침 / 점심 / 저녁 / 간식 / 밀프렙

쫀득쫀득하고 달콤한 캐러멜은 생크림, 버터, 설탕이 듬뿍 들어가기 때문에
다이어트 시에는 완벽한 적이 될 수밖에 없어요.
그래서 살찌는 재료 대신 프로틴가루로 만들어봤는데, 웬 걸요! 식감과 맛이 시판 캐러멜 못지않게 좋아요.
우리 몸에 꼭 필요한 단백질까지 빵빵하게 채워드릴 테니 앞으로는 속세 캐러멜 대신 프로틴캐러멜 하세요!

INGREDIENTS [4~5회 분량]

○ 프로틴가루(솔티드캐러멜맛)
  100g(10큰술)
○ 귀리우유 60ml
  (혹은 우유, 무가당두유)
○ 코코넛오일 2큰술(대체 불가)
○ 알룰로스 1큰술
  (혹은 올리고당 2/3큰술)
○ 소금 2꼬집

코코넛오일이 캐러멜을 굳히는 역할을 해서 다른 오일류는 대체할 수 없어요.

1 프로틴가루, 우유 40ml, 코코넛오일, 알룰로스, 소금을 넣고 잘 섞는다.

2 반죽이 뻑뻑해지면 농도를 보면서 남은 우유 20ml를 조금씩 나누어 넣으며 섞는다.

3 접시에 종이포일을 깔고 반죽을 부은 뒤 꾹꾹 눌러 납작하게 만든 다음, 종이포일로 덮는다.

좋아하는 맛의 프로틴가루를 섞어 다양한 맛으로 만들어요.

4 그대로 냉동실에 넣어 3시간 정도 굳히고, 한입 크기로 썰어 종이포일로 포장해 냉동 보관하여 꺼내 먹는다.

느끼하고 비린 맛 때문에 프로틴을 못 먹었다면 시중에 나온 다양한 맛의 프로틴가루에 도전해봐요. 초콜릿, 커피, 호지차, 바닐라, 과일 등의 맛이 프로틴 특유의 맛을 가려줘 맛있게 먹을 수 있어요. 집에 남아 있는 오리지널 프로틴가루에 좋아하는 맛의 프로틴가루를 섞어 캐러멜을 만들어도 좋아요.

그릭요거트

그릭요거트는 감량 중에 간식으로도 좋고 토핑이나 속 재료 등 활용도가 좋아요.
최근에는 시판 그릭요거트가 많이 나오지만, 가격이 비싼 편이라 홈메이드로
만들면 좋은데요, 손이 많이 가서 선뜻 시도하기가 쉽지 않아요.
그럴 때는 시판 무가당요거트의 유청만 제거해서 간편하게 만든 디디미니 레시피를 기억하세요.

INGREDIENTS

○ 무가당요거트 1개
　(450g/완성 후 약 200g)

면포는 순면 제품을
사용하는 게 좋아요.

1 볼 위에 체를 얹고, 체 위에 면포를
깔아 요거트를 붓는다.

부드러운 질감을 원하면 수분 빼는
시간을 줄이고, 꾸덕꾸덕한 질감을
좋아하면 시간을 늘려요.

2 남은 면포로 요거트를 사방으로
감싸듯 덮어 무거운 그릇 등을
올리고, 12시간 이상 냉장 보관해
유청을 뺀다.

3 면포를 살짝 눌러 짜서 남은 유청을
제거하고, 열탕 소독한 용기에 담아
냉장 보관해 1주일 내로 먹는다.

다이어트 중에는 당이
첨가되지 않은 무가당요거트나
무가당저지방요거트를
선택하듯이, 그릭요거트를
만들 때에도 무가당요거트를
사용해요.

단호박팥앙금

아침 / 간식 / 밀프렙

팥으로 만든 앙금은 맛있는 만큼 설탕을 많이 넣고 만들어 다이어트 중에 먹기에는
부담스러워요. 직접 만들자니 시간과 정성을 필요로 하는 메뉴라 더 부담스럽고요.
그래서 디디미니가 설탕 대신 자연스러운 단맛을 내는 단호박에 팥가루 등을 섞어
부드럽고 달콤한 간편 팥앙금을 만들었어요. 맛이 정말 좋아서 자주 해 먹게 될 거예요.

○ 단호박 400g(1/4개)

○ 팥가루 4큰술(55g)

○ 그릭요거트 3큰술(70g)

○ 알룰로스 3큰술

　　(혹은 올리고당 2큰술)

단호박을 내열용기에 담아
물을 1/3컵 붓고 전자레인지로
5분간 가열해도 좋아요.

1 단호박은 4등분해 씨를 빼고
　　찜기에 15분 이상 푹 쪄 한 김
　　식힌다.

감자를 으깨는 도구인
매셔를 사용하면 편리해요.

2 볼에 삶은 단호박을 넣고 껍질째
　　곱게 으깬다.

프로틴가루 1큰술을 섞어도 좋아요.
통밀식빵, 통밀과자에 곁들이고
다양한 요리에 활용해요.

3 으깬 단호박에 팥가루, 요거트,
　　알룰로스를 넣어 잘 섞고,
　　밀폐용기에 담아 냉장 보관하고
　　1주일 내로 먹는다.

앙버떡

아침 / 점심 / 간식

256쪽 단호박팥앙금 활용

모두 알고 있죠? 다이어트 최대의 적 중 하나가 탄수화물이 응축된 떡이라는 걸요.
하지만 먹고 싶은 걸 억지로 참다 보면 오히려 식욕이 폭발할 수도 있으니
쫀득쫀득한 떡이 생각날 땐 앙버떡을 만들어보세요. 현미라이스페이퍼가 떡 특유의
쫄깃함을 재연하고, 식이섬유가 듬뿍 든 팥앙금과 고소한 무염버터가 입안 가득 행복을 줘요.

INGREDIENTS

- ○ 단호박팥앙금 180g(256쪽 참고)
- ○ 무염버터 12.5g
- ○ 현미라이스페이퍼 2½장
- ○ 팥가루 1큰술(10g)

1 버터는 얇게 5등분하고,
라이스페이퍼는 2등분한다.

김밥 말듯 돌돌 말다가
2/3 지점에서 라이스페이퍼의
좌우를 접고 마저 말아요.

2 라이스페이퍼는 따뜻한 물에 적서
그릇에 펼치고, 팥앙금 1/5 분량,
버터 1조각을 올려 월남쌈처럼
돌돌 말아 5개의 앙버떡을 만든다.

3 팥가루에 굴려 고물을 묻힌다.

고구마치즈스틱

아침 / 점심 / 간식 / **에어프라이어**

한입 베어 물면 겉은 바삭하게 씹히고 속에서는 따끈하고 고소한 치즈가
쭉 늘어나며 반겨주는 치즈스틱. 정말 맛있는 음식이지만 건강에도 좋지 않고
살찌는 메뉴예요. 그래서 밀가루 대신 삶은 고구마로 치즈를 감싸고, 기름에 튀기는 대신
에어프라이어로 바싹하게 구웠어요. 가볍고 건강하지만 달콤하고 고소하고 진한 맛을 가진 별미예요.

INGREDIENTS

- 고구마 1개(150g)
- 스트링치즈 2개
- 현미라이스페이퍼 4장
- 코코넛오일 1/2큰술
  (혹은 올리브유)
- 파슬리가루 약간

고구마가 많이 퍽퍽하면
물 1~2큰술을 넣어가며 으깨요.

1 고구마는 찜기에 넣어 15분 이상
찌고, 한 김 식혀 껍질을 벗겨
포크로 으깬다.

2 스트링치즈는 길게 2등분한다.

김밥 말듯 돌돌 말다가
2/3 지점에서 라이스페이퍼의
좌우를 접고 마저 말아요.

3 라이스페이퍼는 따뜻한 물에 적셔
그릇에 펼치고, 으깬 고구마 1/4
분량, 스트링치즈 1조각을 올려
월남쌈 만들 듯 돌돌 말아 총 4개의
치스스틱을 만든다.

4 치즈스틱에 코코넛오일을 발라
망에 최대한 겹치지 않게 올리고,
에어프라이어 180℃에서 10분,
뒤집어서 5분간 굽는다.

갈릭요거트스프레드(278쪽)에
찍어 먹어도 좋아요.

5 그릇에 담아 파슬리가루를 뿌린다.

초코나무숲브레드

달콤한 초코맛과 쌉싸래한 말차맛은 서로에게 없는 맛을 보완해주는 환상의 맛 짝꿍이죠.
그래서 31가지 메뉴가 있는 아이스크림 체인점에서도 녹차와 초코를 섞어 만든
'초코나무숲'이란 메뉴가 인기 있는 거겠죠? 우리는 다이어터니까 단백질을 듬뿍 넣어 만든
녹차크림과 저칼로리 초코아이스크림으로 녹차와 초콜릿을 동시에 즐겨봐요.

INGREDIENTS

- 통밀식빵 1장
- 프로틴가루(말차라테맛)
  3큰술(30g)
- 말차가루 1/2큰술(8g)
- 귀리우유 3큰술
  (혹은 우유, 무가당두유)
- 그릭요거트 2½큰술(65g)
- 저칼로리아이스크림(초코맛)
  45g(1스쿱)
- 프로틴초코스프레드 1/3큰술
- 피스타치오 7개
- 아몬드 4개

귀리우유는 일반 귀리우유보다 진한 맛을 가진 '오틀리 바리스타'를 사용했어요.

1 프로틴가루, 말차가루, 우유를 섞다가 요거트를 넣고 잘 섞어 말차그릭크림을 만든다.

2 마른 팬에 식빵을 앞뒤로 노릇하게 굽는다.

3 식빵 위에 말차그릭크림을 퍼 올리고 피스타치오, 아몬드를 얹는다.

짤주머니가 없다면 일회용장갑 손가락 부분에 스프레드를 넣고 끝부분을 잘라 가늘게 짜면 예뻐요.

4 식빵 가운데에 아이스크림을 스쿱으로 퍼 올리고, 짤주머니에 프로틴스프레드를 넣어 뿌린다.

프로틴스프레드
프로틴 함량이 높고 당 함량이 낮은 시판 초코맛 프로틴스프레드는 누텔라 초코잼에 버금갈 만큼 맛있어요.
하지만 이 또한 적정량을 먹어야 하는데, 양을 조절해 먹을 자신이 없다면 좋아하는 맛의 프로틴가루에
우유나 식물성음료를 섞어서 꾸덕꾸덕한 크림을 만들어 대체할 수 있어요.

저칼로리아이스크림
설탕 대신 대체감미료로 단맛을 내 당과 지방 함량, 칼로리까지 낮춘 제품이에요. 감량 시 아이스크림이 당길 때
가끔 사 먹으면 일반 아이스크림보다 부담이 적지만, 너무 많이 먹으면 복통이나 설사를 일으켜요.
단맛에 길들여져서 자꾸 달콤한 간식이 생각날 수 있으니 적당량을 조절해 먹어요.

통밀달걀빵

아침 / 점심 / 저녁 / 간식 / 밀프렙 / 전자레인지

추운 겨울의 길거리 음식 계란빵은 하나만 먹어도 든든하고 맛도 좋아요.
달걀 1개가 통째로 들어 있는 달걀빵을 건강한 재료로 바꿔서 다이어트식으로
만들었어요. 밀가루 반죽 대신 식이섬유가 가득한 통밀과자를 사용하고,
모든 재료를 종이컵에 넣어 전자레인지로 가열하면 되니 정말 간단하죠?

INGREDIENTS 3회 분량

- ○ 달걀 3개
- ○ 통밀과자 9개(54g)
- ○ 귀리우유 1/2컵
  (100ml/혹은 우유, 무가당두유)
- ○ 유기농옥수수통조림 3큰술
- ○ 대구알스프레드 2/3큰술
  (선택/ 혹은 식물성마요네즈,
  스리라차소스)
- ○ 피자치즈 40g
- ○ 파슬리가루 약간
- ○ 종이컵 3개

1 접시에 통밀과자를 올리고
우유를 부어 5분간 불린다.

종이컵 대신 실리콘틀이나
내열용기를 사용해도 좋아요.

2 종이컵 1개당 불린 통밀과자 3개를
넣고 밑면, 옆면을 채워 그릇
모양이 되도록 모양을 잡는다.

가열 시 터지지 않도록
노른자를 포크로 찔러요.

3 종이컵 1개당 옥수수 1/2큰술,
대구알스프레드 약간을 넣고
달걀을 하나씩 깨 올린다.

4 다시 각 달걀 위에 옥수수 1/2큰술,
대구알스프레드 약간을 올리고
피자치즈를 뿌린다.

통밀과자는 '핀 크리스프',
대구알스프레드는 '칼레스'를
사용했어요. 대구알스프레드
대신 식물성마요네즈나
스리라차소스, 혹은 토마토소스,
바질페스토 등 다양한
재료를 넣어 좋아하는 맛의
통밀달걀빵을 만들어보세요.

5 종이컵 3개를 전자레인지에
모두 넣고 2분 30초+2분 30초간
가열한다.

6 살짝 식혀 종이컵을 가위로 잘라
빵만 꺼내어 파슬리가루를 뿌리고,
식사로는 2개, 간식으로는 1개를
먹는다.

프로틴뮤즐리바

아침 / 점심 / 저녁 / 밀프렙

곡물과 씨앗, 건과일이 들어 있는 뮤즐리로 한입에 쏙쏙 들어가는
귀여운 프로틴뮤즐리바를 만들어봐요. 건강한 탄수화물 뮤즐리에 단백질이 가득한 프로틴가루,
달콤한 알룰로스를 섞어 잘 볶은 다음, 틀에 힘주어 눌러내면 사 먹는 에너지바보다
건강하고 맛있게 즐길 수 있어요. 바쁜 아침 끼니로도 제격이에요.

INGREDIENTS 4~5회 분량

○ 뮤즐리 150g

○ 아몬드 1줌(26g)

○ 알룰로스 4큰술

   (혹은 올리고당 3큰술)

○ 프로틴가루 2큰술

1 약불로 달군 팬에 뮤즐리, 아몬드, 알룰로스를 넣고 잘 섞어가며 볶는다.

2 뮤즐리가 끈적해지면 프로틴가루를 뿌려 재빨리 섞는다.

뮤즐리를 세게 눌러 담을수록 부서지지 않고 깔끔히 잘려요

3 틀에 종이포일을 깔고 뮤즐리를 부어 손으로 힘주어가며 촘촘히 담고, 표면을 평평하게 만든다.

4 냉장실에 넣어 3시간 정도 굳히고, 소분하여 냉장 보관해 4~5회에 나눠 먹는다.

프로틴민초라테

아침 / 점심

정신이 번쩍 들 만큼 달콤하고 쨍한 음료 민트초코라테 한 잔이 간절하다면
몸에 좋은 재료로 만든 프로틴민초라테를 추천해요. 프로틴가루에 함유된 대체 당 덕분에
따로 단맛을 첨가하지 않아도 달착지근한 라테를 만들 수 있거든요.
꼭 민트초코맛이 아니더라도 가지고 있는 프로틴가루로 다양한 맛의 음료에 도전하세요.

INGREDIENTS

○ 에스프레소 2샷

  (60~80ml/혹은 진한 아메리카노)

○ 프로틴가루(민트초코맛)

  35g(1스쿱)

○ 귀리우유 1½컵

  (300ml/혹은 우유, 무가당두유)

1 에스프레소, 프로틴가루를
  잘 섞는다.

2 우유를 붓고 잘 섞어서 마신다.

다양한 맛의 프로틴가루를
활용해 원하는 맛의
프로틴라떼를 만들어보세요.

무설탕딸기잼

시판 딸기잼이 살찔 것 같아 걱정된다면 직접 만들어보세요.
만드는 과정이 생각보다 쉽고, 직접 만든 만큼 딸기 본연의 맛이 살아 있어
정말 맛있어요. 설탕 없이 건강하게 만든 딸기잼은 다양한 음식에 곁들이기 좋고,
넉넉히 만들어 지인들에게 선물하기에도 좋아요.

INGREDIENTS 4~5회 분량

○ 딸기 250g(혹은 냉동딸기)
○ 알룰로스 3큰술
　　(혹은 올리고당 2큰술)
○ 레몬즙 1큰술

1 딸기는 꼭지를 따고 씻어 포크로
원하는 크기로 으깬다.

중간중간 떠오르는
거품을 걷어내요.

2 냄비에 으깬 딸기, 알룰로스를 넣고
중약불에서 10분간 저어가며 끓여
수분을 날린다.

3 잼이 끈적해지면 레몬즙을 넣고
재빨리 섞어 불을 끈다.

4 열탕 소독한 유리용기에 담아 냉장
보관해 10일 내로 먹는다.

콤부차

간식

할리우드 배우들이 즐겨 마셔서 유명해진 발효음료 콤부차는 장 활동을 돕고 항산화 영양소가 풍부해

체내 독소를 제거하는 등 건강한 효능을 가지고 있어요. 저는 시판 콤부차를 먹다가

가격이 부담되어 직접 만들어 마시는데요, 초기 재료비만 투자하면 이후에는

기존 재료를 활용해 무한대로 만들 수 있어요. 더운 날, 탄산음료나 술을 대신하기에도 좋아요.

INGREDIENTS 〔10회 분량〕

- 홍차티백 5개(혹은 녹차티백)
- 유기농 비정제설탕 200g
  (1L당 100g)
- 뜨거운 생수 500ml
- 차가운 생수 1L
- 콤부차원액 200ml
- 스코비 1개
- 골드키위 1개(80g)
- 파인애플 60g
- 냉동패션프루트 2개
  (1/2개×4개/과육만 45g)

1 열탕 소독한 2L 밀폐유리용기에 홍차티백, 뜨거운 생수를 넣고 15분간 우린다.

2 홍차티백을 꺼내고 설탕을 넣어 플라스틱 숟가락으로 저어가며 설탕을 완전히 녹인다.

> 콤부차를 처음으로 만들 때는 원액과 스코비를 온라인몰에서 구매해요. 스코비 없이 만들면 1차 발효가 1달 정도 걸려요.

> 새로 생성된 스코비는 건져서 1차로 발효한 콤부차 200ml에 담가두고, 콤부차를 새로 만들 때 사용해요.

> 발효된 콤부차는 깨끗한 플라스틱 숟가락으로 살짝 떠서 맛을 봐요.

3 차가운 생수를 붓고 콤부차원액, 스코비를 넣어 잘 섞는다.

4 용기에 면포를 씌워 고무줄로 봉하고, 그늘진 실온에서 7~10일간 움직이지 않게 보관하여 발효한다.

5 발효한 콤부차에서 시큼한 맛이 나면 발효를 끝내고, 단맛이 나면 1~2일간 추가 발효한다.

> 새콤달콤한 과일을 넣고 발효해야 탄산이 많이 생겨요.

> 용기 입구가 좁아야 탄산이 강하게 발효돼요.

> 2차 발효할 땐 매일 한 번씩 뚜껑을 열어 탄산을 제거해요.

6 2차 발효할 때 넣을 키위, 파인애플, 패션프루트를 잘게 썬다.

7 열탕 소독한 입구가 좁은 밀폐유리용기 3개에 1차 발효한 콤부차를 1/3 분량씩 넣고 손질한 과일을 각각 넣는다.

8 그늘진 실온에서 2일간 발효해 냉장 보관하고, 2주 내로 하루에 1~2잔 정도 마신다.

단호박그릭케이크

꾸덕꾸덕한 식감의 치즈케이크를 좋아하고 단호박이 가진 건강한 단맛을 사랑한다면
분명히 이 메뉴도 맘에 들 거예요. 깜짝 놀랄 만큼 간단한 방법으로 진한 케이크 맛을 재연해
시판 케이크에 대한 욕구를 만족시켜 주거든요. 섞어서 냉동실에서 굳히면 완성되는
NO오븐 레시피이니 꼭 만들어보길 추천해요.

INGREDIENTS [2~3회 분량]

○ 단호박 170g

○ 뮤즐리 3큰술(30g)

○ 그릭요거트 120g(4큰술)

○ 아카시아꿀 10g
  (혹은 올리고당 1큰술)

○ 프락토올리고당 1큰술

단호박을 내열용기에 담아 물을 1/3컵 붓고 전자레인지로 5분간 가열해도 좋아요.

1 단호박은 4등분해 씨를 빼고 찜기에 10분간 쪄 한 김 식힌 다음, 곱게 으깬다.

2 뮤즐리, 요거트, 꿀, 올리고당을 넣고 잘 섞는다.

냉동실에서 꺼내어 소분한 다음, 냉장 혹은 냉동 보관해 자연 해동해서 먹어요.

3 둥글고 오목한 용기에 종이포일을 깔고 반죽을 담아 표면을 평평하게 다듬고, 종이포일로 덮어 감싼다.

4 냉동실에서 넣어 1시간 30분 정도 굳히고, 자연해동해 2~3회에 나눠 간식으로 먹는다.

노오븐프로틴브라우니

아침 / 저녁 \ 간식

NO오븐, NO밀가루, NO설탕 레시피로, 만들기 쉽고 건강에 무해한 3無 디저트를 소개해요.

브라우니 한 조각으로 식욕을 충전하고 영양까지 챙겨줘 에너지를 끌어올려 준답니다.

밀가루 대신 프로틴가루를, 설탕 대신 바나나를 넣고 다른 재료와 잘 섞어

냉동해 굳히면 쫀쫀한 식감, 진한 풍미를 가진 근사한 브라우니가 완성돼요.

INGREDIENTS 4회 분량

- ○ 프로틴가루(초코맛) 7큰술(70g)
- ○ 아몬드가루 7큰술(70g)
- ○ 코코아가루 3큰술(25g)
- ○ 유기농 시나몬가루 1/3큰술
- ○ 히말라야핑크솔트 1꼬집
  (혹은 소금)
- ○ 바나나 1개
- ○ 그릭요거트 3큰술(100g)
- ○ 아몬드슬라이스 10g

처음엔 반죽이 퍽퍽하지만 계속 섞다보면 묶어져요.

1 바나나는 포크로 곱게 으깨 요거트를 넣고 잘 섞어 바나나그릭크림을 만든다.

2 큰 볼에 프로틴가루, 아몬드가루, 코코아가루, 시나몬가루, 핑크솔트를 넣어 골고루 섞고, 바나나그릭크림을 넣어 반죽이 부드러워질 때까지 잘 섞는다.

라텍스장갑을 끼고 장갑에 올리브유나 코코넛오일 1/2큰술을 바른 다음, 손으로 눌러줘요.

3 틀에 종이포일을 깔고 반죽을 부어 손으로 눌러가며 평평하게 깐다.

4 브라우니 표면에 아몬드를 뿌려 눌러가며 붙이고, 냉동실에 넣어 3시간 정도 굳힌다.

5 냉동실에서 꺼내어 10분 이상 자연 해동하고, 4회에 나눠 먹는다.

갈릭요거트스프레드

평소에 빵이나 다른 요리에 곁들이는 크림치즈를 즐겨 먹었다면
다이어트 중에도 그 맛이 자꾸 생각날 텐데요, 지방이 많은 크림치즈 대신
단백질과 유산균이 풍부한 그릭요거트를 활용하면 크림치즈가 아쉽지 않을 거예요. 그릭요거트에
알싸한 마늘과 건강한 당을 넣고 잘 섞어서 빵과 크래커에 발라 맛있게 먹어요.

INGREDIENTS 2~3회 분량

- ○ 그릭요거트 200g
- ○ 마늘 10개(32g)
- ○ 알룰로스 3큰술
  (혹은 올리고당 2큰술)
- ○ 파슬리가루 1/3큰술

1 마늘은 잘게 다진다.

2 약불로 달군 팬에 마늘, 알룰로스를
넣고 저어가며 마늘을 잘 익혀
갈릭소스를 만들고, 한 김 식힌다.

3 요거트, 소스, 파슬리가루를
잘 섞는다.

통밀식빵이나 통밀크래커에
곁들이는 등 다양하게 활용해요.

4 열탕 소독한 밀폐내열용기에 담아
냉장 보관하고, 4~5일 내로 먹는다.

고구마인절미볼

아침 / 점심 / 저녁 / 간식

쫀득쫀득하고 달콤한 디저트인데 다이어트 메뉴라니 놀랍지 않나요?

찹쌀 등의 탄수화물 대신 고구마, 연두부, 프로틴가루, 견과류 등 건강한 탄수화물과

단백질로 만들었으니 몸에 좋을 수밖에요. 쫀득하고 달콤한 반죽을

고소한 콩가루에 굴려서 파는 것처럼, 아니 파는 것보다 맛있는 인절미를 집에서 만들어봐요.

INGREDIENTS [2~3회 분량]

- 고구마 255g
- 아몬드 1/2컵(2줌/50g)
- 연두부 1팩(125g)
- 프로틴가루(골든시럽맛)
  3큰술(30g)
- 볶은콩가루 3큰술(30g)
  +2큰술(20g/고물용)
- 코코넛오일 1큰술
  (혹은 올리브유)

고구마가 많이 퍽퍽하면
물 1~2큰술을 넣어가며 으깨요.

1 고구마는 찜기에 넣어 10분간
찌고, 한 김 식혀 껍질을 벗겨
으깬다.

2 아몬드는 칼등으로 으깬다.

냉동실에 넣고
3시간 정도 굳혀 차갑게
먹으면 더 맛있어요.

생콩가루는 풋내가 나니
고소한 볶은콩가루를 써요.

3 으깬 고구마, 아몬드, 연두부,
프로틴가루, 콩가루 3큰술을
잘 섞는다.

4 손에 코코넛오일을 바르고 반죽을
한입 크기로 동그랗게 빚고, 콩가루
2큰술에 굴려 고물을 묻힌다.

면두부라면땅

아침 / 저녁 \ 간식 \ 에어프라이어

오늘부터 라면땅도 다이어트 간식이 될 수 있어요. 디디미니 레시피로 만들 거니까요!

튀긴 밀가루면 대신 고단백 면두부를 에어프라이어로 바싹하게 굽고,

나트륨 지옥인 라면수프 대신 감칠맛 나는 매콤한 소스를 만들어 발라요.

라면땅의 파삭한 식감과 자극적인 맛이 부럽지 않은 아이디어 라면땅입니다.

INGREDIENTS [2회 분량]

○ 면두부 1팩(100g)

소스

○ 카레가루 1/3큰술
○ 고춧가루 1/2큰술
　(혹은 청양고춧가루)
○ 다진 마늘 1/2큰술
○ 케첩 1큰술
○ 알룰로스 1큰술
　(혹은 올리고당 2/3큰술)
○ 물 3큰술

1 면두부는 헹궈 물기를 털고 키친타월로 물기를 꼼꼼히 제거한다.

2 망에 면두부를 얇게 펼쳐 깔고, 에어프라이어 180℃에서 5분, 뒤집어서 5분간 가열한다.

3 소스 재료를 잘 섞는다.

4 약불로 달군 팬에 면두부를 3~4조각으로 부수어 넣고, 소스를 빙 둘러가며 뿌린 다음, 면두부에 비비듯이 묻힌다.

5 면두부라면땅을 식힘망에 올려 잠시 식히고, 냉장 보관해 2회에 나눠 먹는다.

통밀자투리러스크

아침 / 점심 / 간식 / 에어프라이어

각종 요리에 통밀식빵을 활용하다 보면 가장자리가 애매하게 남을 때가 있죠?

그럴 때는 주저하지 말고 통밀자투리러스크를 만들어보세요.

몸에 좋은 코코넛오일, 비정제설탕으로 시즈닝해서 죄책감 없이 달콤하고 바삭한

러스크를 즐길 수 있어요. 마지막에 뿌리는 시나몬가루 덕분에 맛이 고급스러워요.

INGREDIENTS [2~3회 분량]

○ 통밀식빵 자투리 110g

○ 유기농 비정제설탕 1½큰술

○ 코코넛오일 6큰술
    (혹은 올리브유)

○ 히말라야핑크솔트 1꼬집
    (혹은 소금)

○ 유기농 시나몬가루 1/3큰술

1 식빵 자투리는 한입 크기로
   길쭉하게 자른다.

볼을 손으로 잡고 아래에서 위로
작은 원을 그리듯이 손목을 움직이면
내용물이 둥글게 움직이며 잘 섞여요.

2 큰 볼에 식빵 자투리를 담고 설탕
   1큰술, 코코넛오일 3큰술을 빙
   둘러 뿌린 다음, 볼을 흔들어가며
   재료를 잘 섞는다.

3 설탕 1/2큰술, 코코넛오일 3큰술,
   핑크솔트를 뿌리고 다시 한 번
   잘 섞는다.

4 망에 종이포일을 깔아 양념한
   식빵을 펼쳐 올리고, 에어프라이어
   170℃에서 5분, 뒤적여서 다시
   5분간 굽는다.

5 시나몬파우더를 뿌려 잘 섞고,
   한 김 식혀 밀폐용기에 담아
   냉장 보관해 2~3회에 나눠 먹는다.

가나다순 인덱스

요리별 인덱스

끼니별&조리법별 인덱스

재료별 인덱스